照明设计

光的诗意形象及表现

梁勇 著

“对景观照明设计中
诗意元素的鲜明展现和解读”

哈尔滨出版社
HARBIN PUBLISHING HOUSE

图书在版编目（CIP）数据

照明设计 : 光的诗意形象及表现 / 梁勇著. -- 哈尔滨 : 哈尔滨出版社, 2024.3
ISBN 978-7-5484-7699-3

Ⅰ. ①照… Ⅱ. ①梁… Ⅲ. ①照明设计 Ⅳ. ①TU113.6

中国国家版本馆CIP数据核字(2024)第039420号

书　　名：照明设计：光的诗意形象及表现
ZHAOMING SHEJI : GUANG DE SHIYI XINGXIANG JI BIAOXIAN

作　　者：梁　勇　著
责任编辑：韩伟锋
封面设计：梁　勇

出版发行：哈尔滨出版社（Harbin Publishing House）
社　　址：哈尔滨市香坊区泰山路82-9号　　邮编：150090
经　　销：全国新华书店
印　　刷：武汉市卓源印务有限公司
网　　址：www.hrbcbs.com
E-mail：hrbcbs@yeah.net
编辑版权热线：（0451）87900271　87900272

开　　本：710mm×1000mm　1/16　印张：17.75　字数：303千字
版　　次：2024年3月第1版
印　　次：2024年3月第1次印刷
书　　号：ISBN 978-7-5484-7699-3
定　　价：88.00元

序　言

梁勇同志撰写的《照明设计：光的诗意形象及表现》一书，以新的视角和创新的思想，深度剖析多种景观类型，包括构筑物、园林景观、绿地广场、旅游景区及城市空间等特有功能与特征，详尽探索了各类型的夜景设计原则、创意构思和形象塑造方法。同时，本书对夜景创意设计进行了全面且详细的分析，不仅考虑了景观元素自身的功能性质和形态构成，而且深度考量了这些元素在整个城市环境中所扮演的角色和地位。通过对夜景形象塑造和城市夜生活需求的细致探讨，以独特的视角审视了景观照明设计的各个方面。

除此之外，本书还对一些典型照明项目、照明现象进行了深度分析，通过对项目的设计手法、特点及使用情况进行剖析，以增强内容的实用性和针对性。并在书中融合了一系列作者自己参与设计过的景观照明实例，使得内容更为生动，同时也增强了问题探讨的针对性。

本著作的主要受众群体是景观照明设计人员和照明工程的组织管理人员，它同时也是城市照明、建筑设计、景观设计、城市规划、市政设计等相关专业人员的宝贵参考资源，本书都将为您提供独特而有价值的知识和观点。此外，高等院校相关专业的师生亦可从中受益，用于学习和参考。

让我们一同展开景观照明的诗意篇章，共同探索夜晚的无穷魅力！

詹庆旋

中国照明学会副理事长

国际照明委员会（CIE）第三分部委员

中国建筑学会建筑物理专业委员会及体育专业委员会委员

清华大学建筑学院建筑技术科学教授、博士生导师

2023 年 6 月

自　序

诗意景观照明作为塑造夜晚形象的关键手段，汇集了建筑学、城市规划、景观设计、市政设计、电气照明等多学科的知识，并深度涵盖了心理学、生理学、物理学、美学、行为学等专业领域，体现出了强烈的跨学科综合性。近年来，我国景观照明产业经历了繁荣发展，无论是大城市还是小镇，都纷纷投入景观照明工程的建设，催生了诸多优秀作品和项目，这对于塑造城市形象、推动经济发展以及丰富公众生活起到了显著的积极作用。

然而，总体来看，我们依然面临一些普遍存在的问题，比如，夜景作品可能偏离景观元素的原创设计理念，照明设备可能扭曲景观元素的真实形象，甚至干扰城市的正常功能。再者，照明设备可能破坏城市的日间景观，并导致光污染和能源浪费等问题。产生这些问题的主要原因在于设计理念上的不足。因此，认识和重视照明设计的重要性，是避免诸多负面问题、营造优美夜间环境的根本所在。

诗意景观照明作为一个相对新兴的领域，其基础资料仍然十分稀缺。因此，若要充分发挥照明设计的功效，实现令人满意的景观照明效果，我们必须通过实践探索和总结，同时从相关领域汲取知识和经验。此外，我们还需要系统且深入地开展景观照明的研究工作，以形成完善的设计理论和方法。

令人欣慰的是，许多照明领域的专家、学者和设计师已经积极投入到这项工作中，我们有理由相信，经过大家的不懈努力，景观照明这一与城市居民生活息息相关的学科将逐步走向科学、规范、理性的道路。

本书正是根据我二十多年的从业经验和研究编写而成的，旨在探讨诗意景观照明的创意设计中存在的一些问题，同时通过对一些照明工程案例的分析，提出景观照明创意设计的思想和原则，以及一些典型景观元素夜景形象的塑造方法。

由于我个人能力的局限，书中可能存在许多不足与错误，在此恳请读者能够提出宝贵的批评和指正。我要特别感谢清华大学建筑学院建筑技术科学教授，博士生导师、中国建筑照明设计研究与实践先行者，国内照明界的泰斗级人物詹庆旋教授在百忙之中为本书撰写序言，很可惜，老师已驾鹤西去，未能看到本书最终付梓，遗憾至极。

2023 年 6 月

目 录

第一章　诗意景观照明的概述

一、诗意景观照明的定义及意义

诗意景观照明作为一门综合性的学科，涉及光学、建筑学、艺术、心理学等多个领域的知识。它不仅仅是简单地将光源照射到景观元素上，而是通过精心的设计和布置，将光线的亮度、颜色、方向和分布等因素结合起来，创造出具有美感和艺术效果的夜间景观。

诗意景观照明在当代城市规划与建设中扮演着重要的角色。它不仅能够改善城市夜间环境，丰富人们的生活体验，最重要还能够提升城市形象和文化内涵。合理的布置设计，在提高城市的安全性，增强社会交流和活力，促进经济发展的同时，可以使城市更具诗意和浪漫氛围，为居民和游客创造出独特的视觉享受。

诗意景观照明的意义在于通过光的艺术表达，将建筑、自然与人文融为一体，创造出独特的夜间景观，吸引游客，提升城市的知名度和形象。它不仅仅是简单的照明工程，更是一门综合性的艺术与科学的结合。既要考虑光的功能性，满足人们的视觉需求，最主要的是要注重审美效果，创造出具有诗意和情感共鸣的景观，打造出独特的城市夜景。

在本书中，将深入探讨照明诗意设计的定义与意义，阐述诗意照明的基本概念和内涵，明确其在城市规划与建设中的地位和作用。其次，阐述诗意照明对城市形象、文化传承和居民生活质量的影响。并通过对相关案例的分析和实践经验，探索诗意照明在不同场景下的应用与效果，以加深对诗意照明的理解和认识。最后，对诗意照明的前景和发展做了相关的展望和分析。

二、诗意景观照明的内涵

诗意景观照明是指通过合理的光源布置、照明设备选择和控制手段运用，将自然景观、人工景观和建筑物等元素以艺术化的手法进行照亮，以达到提升景观品质、创造舒适环境、强化空间感受和表达特定主题等目的的设计过程。诗意景观照明旨在通过光的艺术化运用，塑造景观的美感、增强夜间景观的魅力，并为人们提供更好的夜间视觉体验。

其内涵包括以下几个方面：

（一）美学表达

诗意景观照明的艺术化表达，是其不可或缺的最重要的一部分。通过照明技术的巧妙运用，设计师以光为笔，以空间为画布，塑造景观的美感和氛围，从而凸显出城市或空间的独特性。

合理的选择光源和照明设备，是达成这一目标的关键步骤。设计师需要考虑各种因素，包括灯具的物理特性（如亮度、光效、寿命等），光线的颜色、方向、强度以及投射的范围等。灯光设备的选择不仅要满足美学需求，还需兼

一个成功照明作品的魅力所在，是一个城市的象征或标志（来自摄图网）

顾实用性和环保性。

通过精心设计的灯光控制手段，设计师可以调节光线的亮度和颜色，以及灯光照射的具体区域，进一步突出景观元素的形态、纹理和色彩。比如，通过照明角度和亮度的巧妙调控，可以增强或减弱物体的纹理效果，强调或淡化其形状和结构；通过光线颜色的选择，可以营造出不同的氛围和情感，使场所更具生活气息，增强空间的魅力和独特性。

诗意景观照明的目标不仅是在视觉上创造出壮观的效果，更在于通过光线的艺术化运用，引发人们对于景观美学上的感知和情感上的共鸣。对于设计师来说，这不仅需要对照明技术有深入的了解，更需要对美学和人类心理有独特的洞察。一个成功的诗意景观照明作品，能够在人们心中留下深刻的印象，甚至成为一个城市的象征或标志，这就是诗意景观照明艺术化的魅力所在。

（二）功能性要求

诗意景观照明的工作内容丰富多样，它既需要实现光线艺术化的运用，也要满足具体场景的功能性需求，实现美学与实用性的融合。在不同的设计环境中，需要根据具体的功能需求和用户体验，定制灯光设计方案。

在公共空间的设计中，一方面要兼顾景观的美感，另一方面也要关注其实用功能。这类空间常常需要为行人提供安全和舒适的环境。因此，照明设计需要保证足够的亮度和均匀的光线分布，以确保行人在晚间能清晰看到道路和周边环境，避免意外事故的发生。此外，均匀的照明也能防止光照强度的突变导致行人视觉的不适。

商业区域的诗意景观照明则需要更多地考虑如何塑造和提升品牌形象，以及如何吸引顾客的注意力。照明设计不仅要突出建筑物的特色，还需要通过照明手法和光线运用突显商铺的形象和产品特色，营造引人入胜的购物环境。例如,可以利用投光灯或射灯等照明设备将光线聚焦在店铺的特色商品或空间上，通过光线的指向和变化引导顾客的视线和步伐,以达到吸引和留住顾客的效果。

无论是公共空间还是商业区域，诗意景观照明都要兼顾美学和功能性。美学设计满足人们的视觉感受，而功能性设计则满足人们的实际需求，两者相辅相成，共同构成了一个成功的诗意景观照明。

（三）空间感受与导向

诗意景观照明作为一门独特的艺术，其内在逻辑蕴含着光线运用的智慧，以及对空间感受和导向效果的精准塑造。设计师可以通过灯光的技术和艺术手

昆明“公园 1903”购物商业区的照明通过照明手法和光线运用，突显商铺的形象和特色，来吸引顾客的注意力 （来自摄图网）

法，创造出充满活力和层次感的空间体验。

光线属性的调整是这一创作过程中的关键环节。不同的亮度可以突显出景观元素的层次感，以及其空间结构的复杂性和多样性。比如，强烈的光线可以将景观元素醒目地凸显出来，形成明亮的焦点，而暗淡的光线则可以使背景元素更好地融入环境，形成深邃的背景。通过对比明暗，可以营造出丰富而细腻的空间层次感。

光线方向的选择也同样重要。设计师可以通过改变光线的投射方向，来引导观察者的视线流动，塑造出动态的视觉效果。从上至下、从下至上、从中央至边缘，甚至交叉投射等多种照明方式，都可以用于激发观者的视觉兴趣，引导他们在空间中产生不同的感知和体验。这样的设计，可以赋予空间更加生动的动态效果，使其具有丰富而有吸引力的视觉深度。

诗意景观照明通过光线的灵活运用，可以巧妙地创造出不同的空间感受和导向效果。这种设计不仅增加了空间的视觉趣味性，也在很大程度上增强了空间的感染力和引导力，从而使人们在享受美感的同时，更加深入地理解和体验空间。

（四）文化传承与历史保护

诗意景观照明在文化遗产和历史建筑的保护与传承方面，无疑具有深远的影响力。合理且巧妙的照明设计，既能避免对建筑的伤害，还能增强建筑的历

北京角楼的远投照明方式，对文物起到了很好的保护作用　（来自摄图网）

史和文化魅力，同时也能提高其公众价值和吸引力。

在强调历史建筑的特性与价值方面，照明设计需要尽可能地展现其历史特色和文化内涵。通过对光线的精准控制，设计师能够突出建筑的原始构造、表面纹理和装饰细节，从而让其历史和文化特性得以清晰呈现。此外，光线的色彩、强度和照射方式的选择，也能进一步强化建筑的历史气质和文化韵味，提升其夜间形象。

然而，诗意照明设计的影响力并不止于此。通过创新的光线表达手法，设计师还可以将历史故事和文化符号引入到夜晚的景观中。例如，照明设计可以利用投影、色彩、亮度等元素，讲述建筑物的历史沿革，展现其背后的文化故事；也可以通过光影的变化和运动，模拟历史事件，引发观者的想象和共鸣。这样的设计不仅丰富了夜间景观的视觉效果，也极大地增强了人们对历史和文化的认知与体验。

诗意景观照明对于文化遗产和历史建筑的保护与传承，具有极其重要的作用。合理的照明设计既可以突出历史建筑的特性，提升其价值和吸引力，同时还能通过光的表达手法，把历史故事和文化符号融入夜间景观，为观者提供丰富的历史文化体验。

三、诗意景观照明的发展历程

景观照明作为一门专业领域，经历了漫长而丰富的发展历程。本节将从早期的照明方式开始，逐步介绍诗意景观照明的发展过程，并探讨其在不同历史时期的特点和影响。

（一）古代的照明演变

古代的照明主要依靠火炬、油灯和蜡烛等工具。这些简单而原始的照明方式被广泛应用于古代文明中的建筑物、道路和公共场所。在古希腊和古罗马时期，人们开始意识到光线对于建筑物的美感和氛围的重要性，因此开始探索光线的艺术应用。

在古希腊时期，人们在建筑物的立面和柱子上使用火炬来照明，以突出其雄伟和庄严的氛围。火炬的光线投射在建筑物上，营造出独特的阴影效果，增强了建筑物的立体感和纹理。

古罗马时期，人们开始更加注重光线的艺术应用。他们使用油灯和蜡烛来照亮室内公共场所。油灯和蜡烛的光线柔和而温暖，能够为建筑物和场所增添一种浪漫和神秘的氛围。在宴会和庆典等特殊场合，人们会使用大量的蜡烛来点亮场所，创造出壮观的光影效果。

在这个时期，人们开始意识到光线的艺术性和对建筑物的影响。他们通过调整火炬、油灯和蜡烛的位置、数量和亮度，创造出不同的光影效果，以突出建筑物的美感和氛围。这种光线的艺术应用不仅仅是为了照明，更是为了营造出独特的视觉体验，让观者感受到建筑物的力量和魅力。

古代的景观照明虽然简单，但它为后来的诗意景观照明奠定了基础。人们通过对光线的艺术应用的探索和实践，逐渐认识到光线对于建筑物和环境的重要性。这为后来的文艺复兴时期和现代景观照明的发展奠定了基础，并为我们理解和欣赏夜间景观的美感提供了宝贵的经验和启示。

（二）文艺复兴时期的照明

文艺复兴时期照明开始与建筑和艺术相结合，为建筑物和公共场所带来了全新的照明概念和艺术表达。艺术家们开始运用光线和阴影的效果，通过精确的光线控制手段，创造出更加丰富的空间层次和情感表达。其中，意大利画家达・芬奇、拉斐尔、塞尚通过对光线的精确控制，使画作中的人物和景物更加生动逼真。

在文艺复兴时期，烛光和油灯成为主要的照明工具，被广泛应用于宫殿、教堂和城市广场等场所。烛光的柔和和温暖的光线为建筑物和场所增添了一种浪漫和神秘的氛围。人们通过调整烛光的位置，突出建筑物的美感和氛围。这个时期的照明不仅仅是简单的照明工程,更是一种艺术表达和情感传递的手段。人们开始意识到光线对于建筑物和艺术作品的重要性，通过对光线精心的控制和运用,创造出独特的夜间景观效果。这种光线的艺术应用不仅仅是为了照明,更是为了营造出特定的氛围和情感表达。文艺复兴时期的照明为后来的照明技术和艺术发展奠定了基础，为我们理解和欣赏夜间景观的美感提供了宝贵的经验和启示。

在建筑方面，对光线的精确控制和运用，创造出更加丰富的空间层次和情感表达，为建筑物和景观增添了独特的魅力和氛围。他们通过合理的窗户设计和光线的引导，使室内空间充满自然光线，创造出明亮而宜人的环境。同时，他们还运用光线的反射和折射效果，将阳光引入室内，营造出柔和而温暖的光影效果。这种精心设计的照明方案使建筑物更加生动而具有层次感，同时也提升了居住者的舒适感和生活质量。

在艺术方面，艺术家们开始有意识地运用光线和阴影的效果，创造出更加立体和逼真的艺术作品。他们对光线方向、强度和色彩的精确把握，使得作品中的人物、景物和细节更加生动而具有表现力。光线的运用使得画面中的形态和纹理更加鲜活。这种对光线的精确控制和运用，使艺术作品更加富有生命力和艺术性。

例如，意大利文艺复兴时期最杰出的艺术家之一的达·芬奇，他对光线的研究和运用对后世产生了深远的影响。达·芬奇通过对光线的精确控制，使得他的作品中的人物和景物呈现出丰富的光影效果。他将光线投射在人物的面部、手臂和衣物上，创造出逼真的阴影和高光，使得人物形象更加立体和生动。同时，他还运用光线的方向和强度，突出人物的表情和神态，增强了作品的情感表达和艺术感染力。

（三）工业革命时期的照明

随着工业革命的到来，照明技术经历了革命性的改进。传统的火炬、油灯和蜡烛逐渐被新型的气体灯和电灯所取代。这些新型照明设备的出现为照明带来了更大的灵活性和创造力。同时，照明设备的普及和成本的降低，使得照明逐渐走入了大众生活。

在工业革命时期，气体灯成为一种重要的照明设备。气体灯通过将可燃气体与空气混合并点燃，产生明亮的光线。最早的气体灯采用煤气作为燃料，后来发展出了使用煤油和乙炔等燃料的气体灯。气体灯的出现使得城市的夜间照明得到了革命性的改善。人们开始使用气体灯来照亮街道、广场和建筑物，使城市的夜晚焕发出新的活力。

随着电力技术的发展，电灯逐渐取代了气体灯成为主流的照明设备。电灯通过将电能转化为光能，产生明亮而稳定的光线。首先出现的是电弧灯，后来发展出了白炽灯、荧光灯和 LED 灯等多种类型的电灯。电灯的出现彻底改变了照明方式，使得景观照明具备了更大的灵活性和创造力。人们可以通过调整

意大利艺术家达·芬奇的《最后的晚餐》，光线的方向使得人物形象更加立体和生动

电灯的亮度、颜色和位置，创造出丰富多样的照明效果，使景观更加生动和吸引人。

工业革命时期的照明技术的发展也推动了景观照明的创新。人们开始将照明设备与建筑物、景观和艺术结合，创造出独特的夜间景观效果。例如，在城市的公共场所，人们使用电灯来照亮雕塑、喷泉和景观装饰，使其在夜晚展现出美丽的光影效果。在建筑物的照明设计中，人们开始运用电灯来突出建筑的特色和立体感，使其在夜晚呈现出独特的魅力。

此外，由于照明技术的普及和成本的降低，使得个人和家庭也能够享受到高质量的照明效果。人们开始在家庭花园、露天咖啡馆和商业区等场所使用照明设备，为夜间的活动和休闲增添了更多的乐趣和魅力。照明不再局限于特定的场所和建筑，而是成为人们日常生活中的一部分。

总的来说，工业革命时期的照明技术的改进使得诗意照明具备了更大的灵活性和创造力。气体灯和电灯的出现为城市的夜间照明带来了革命性的变化，使得照明成为一门独立的专业。照明设备的普及和成本的降低使它逐渐走入了大众生活，为人们创造出更加美丽和舒适的夜间环境。

随着工业革命时期照明技术的进步和普及，景观照明在城市规划和建设中的作用日益凸显。工业革命时期景观照明有以下几个重要特点和影响：

工业革命带来了城市化的快速发展,城市的夜间照明成为人们关注的焦点。传统的火炬和油灯无法满足城市照明的需求，新型的气体灯和电灯成为主要的照明设备。这些新型照明设备的亮度更高、寿命更长，使得城市的夜间照明效果得到了显著改善。城市的街道、广场和建筑物被照亮，夜晚的城市变得更加明亮、繁华而富有魅力。

工业革命时期的照明技术革新为景观照明带来了更大的创新空间。新型的气体灯和电灯具备更高的灵活性和可调性，可以根据需要调整亮度、颜色和光线的分布。这使得景观照明可以更加精细地塑造空间，突出建筑物和景观的特色，创造出丰富多样的照明效果。照明设计师可以通过合理的灯光布置和控制，营造出不同的氛围和情感，使景观更加生动、吸引人，并为城市增添独特的魅力。

随着城市夜间照明的改善和景观照明的创新，夜间经济开始兴起。人们开始在夜晚外出活动、购物和娱乐，夜间经济逐渐成为城市经济的重要组成部分。景观照明为商业区、娱乐场所和旅游景点等提升了吸引力和竞争力，吸引了更多的游客和消费者。夜间经济的崛起促进了城市的发展和繁荣，为城市带来了经济效益和社会活力。

随着照明技术的进步，人们开始关注照明对环境的影响。传统的火炬和油灯会产生大量的烟尘和废气，对空气质量和环境造成污染。而新型的灯具更加环保，减少了对环境的负面影响。此外，节能和环保意识的兴起也促使景观照明朝着更加节能和环保的方向发展，使用节能灯具和智能照明控制系统，可降低能源消耗和碳排放，实现可持续发展。

工业革命时期的景观照明对现代城市照明产生了深远的影响。新型照明技术的应用使城市的夜间照明效果得到了显著改善,提升了城市的形象和吸引力。景观照明的创新为建筑物和景观增添了独特的魅力和氛围。夜间经济的崛起为城市带来了经济效益和社会活力。同时，对环境影响的关注促使照明朝着节能环保的方向发展。这些影响使得照明成为现代城市规划和建设中不可或缺的一部分。

（四）现代景观照明的发展

20 世纪以来，随着科技的进步和照明技术的创新，景观照明迎来了快速发展的时期。人们开始使用更加先进的照明设备和控制系统，以满足不同场景的需求。同时，对能源消耗和环境保护的关注也促使照明朝着节能环保的方向发展。

随着 LED（发光二极管）技术的成熟和普及，LED 照明设备在景观照明中得到广泛应用。相比传统的荧光灯和白炽灯，LED 具有更高的能效、更长的寿命和更广泛的颜色选择。LED 灯具小巧、耐用且灵活性高，可以实现精

京杭大运河杭州段武林门码头的夜景，对雕塑的精准投射，突出门户的可识别性　（摄影：安洋）

确的光线控制和分布，满足不同景观需求。此外，LED 技术还支持智能照明系统，可以实现远程控制、调光和调色等功能，提供更加个性化和定制化的照明效果。

现代景观照明越来越注重智能化和自动化。通过智能照明控制系统，可以实现对照明设备的精确控制和调节，以适应不同场景和需求。智能化系统可以根据时间、天气和活动需求等因素，自动调整照明亮度和颜色，实现节能和环保。同时，智能化系统还支持远程监测和管理，提高照明设备的运行效率和可靠性。

在现代社会，节能环保已经成为全球关注的重要议题。景观照明也积极响应节能环保的呼声，采取一系列措施来减少能源消耗和环境影响。例如，通过使用节能型灯具和光源，优化照明布局和设计，合理控制照明亮度和使用时间，以降低能源消耗。此外，景观照明还应该注重光污染的控制，通过合理的光线控制和屏蔽设计，减少对周围环境和野生生物的干扰。

现代景观照明越来越注重个性化和多样化的设计风格和应用场景。不同的景观照明项目，如城市公园、商业区、文化遗产和旅游景点等，都要求照明设计师根据特定的需求和目标，创造出独特而适宜的照明效果。设计师通过光线的运用和艺术手法，突出景观的特色和氛围，创造出与场所风格相匹配的照明方案。

在现代景观照明中，人们开始运用计算机辅助设计软件和模拟技术，对光线的分布、亮度和颜色进行精确控制。同时，人们还开始关注照明设计对人们视觉和心理的影响，注重创造舒适和宜人的光环境。这就是诗意照明的形成，此外，诗意景观照明还开始与城市规划、建筑设计和环境艺术等领域进行融合，以创造出更加综合和多样化的夜间景观效果。

现代景观照明在技术和理念上都取得了巨大的进步。先进的照明设备和智能化的控制系统提供了更大的灵活性和创造力，使得景观照明能够实现更精确化、个性化和定制化的照明效果，节能环保的设计理念使得景观照明更加注重可持续发展和环境保护，也实现了更诗意化的照明效果。多样化的设计风格和应用场景使得照明能够满足不同需求的照明要求。

总的来说，照明经历了从简单的照明工具到现代科技的演进过程。它不仅仅是简单的照明工程，更是一门综合性的艺术与科学的结合。通过对光线的艺术化运用，为城市创造出诗意的夜间景观，提升城市形象和居民生活质量。随着科技的不断进步，景观照明将继续发展，为人们创造出更美好、更舒适和可持续的夜间环境，为人们带来更加美好的诗意夜间体验。

第二章　诗意景观照明的影响和效果

一、诗意景观照明对城市形象的影响

（一）对城市形象的塑造

作为一种城市设计的重要方式，诗意景观照明利用灯光和照明技术，对城市的建筑物、公共空间以及文化景观等进行精细布局和设计，以期在夜晚塑造出独特而引人入胜的城市形象。这种设计手法，其实质是一个对光的应用和控制的过程，通过光影的变化和结构，以及光与环境、光与人的心理互动，来达到照明设计的目的。

诗意景观照明对于城市地标建筑和景观元素的强调和突出，具有重要作用。合理的灯光布局和设计手法，可以将城市中的重要地标和景观元素在夜间照亮，使其在夜幕降临后仍保持其存在感，展现出独特的魅力和美感。如同城市的璀璨明珠，通过灯光照明技术而得以突显的地标建筑和景观元素，给城市增添了更多层次和韵律感，使城市夜间的景象更具吸引力。

诗意景观照明的另一重要任务在于运用不同的灯光色彩、亮度和变化，以营造出不同的氛围和风格，从而使城市的夜间形象更加丰富和多样化。例如，柔和的暖色灯光可营造出温馨舒适的氛围，明亮的冷色灯光则能够营造出现代、时尚的氛围。灯光的亮度和色彩变化不仅能改变城市景观的感觉，使得城市的夜晚不再单一，而是充满了情感和生活气息，更重要的是能强化人们的情感体验，让人回味，这也是其区别于景观照明的一个重要作用。

西安经开区照明的实施，对塑造城市形象起到了积极作用　（摄影：梁勇）

诗意景观照明对于塑造城市的夜间形象具有深远影响。它不仅能强化城市的景观特色，突出城市的地标建筑，还能通过灯光的艺术处理，营造出各种不同的氛围和风格，使城市的夜间形象更加丰富多元，进一步提升城市的吸引力和感染力。

（二）对城市形象的提升

诗意景观照明在塑造和提升城市形象方面发挥着重要的作用。通过科学的照明布置和精心的设计手法，它能够赋予城市建筑和景观在夜晚更加美丽、独特且引人注目的外观。在这个过程中，灯光不仅是提供照明的工具，更是一种艺术手段，用于强调建筑的线条美、轮廓韵律，从而凸显其独特的建筑风格和特色。

这种设计理念并不仅仅局限于突出建筑和景观本身，更进一步通过灯光的色彩、亮度和变化，创造一个独特的环境，让人们获得丰富的情感体验。

更重要的是，这种对城市形象的提升，无论是从功能还是美学角度看，都能够有效地提升城市的吸引力和竞争力。首先，改善了城市的功能性，如提升夜间的行人安全、突出特定地区的重要性等。其次，也增强了城市的美学价值，使得城市在夜晚也能够展现出独特的魅力，提供给人们独特的视觉享受和情感体验。此外，还对增强居民对城市的归属感和认同感起着关键的作用。

通过对特定地标、文化景观的照明处理，可以激发人们对于城市的情感联结，进一步提升他们对城市的认同感和归属感。因此，诗意景观照明对于城市形象的提升，无论是从城市的吸引力、竞争力，还是从居民的归属感和认同感等方面来看，都具有深远的影响和重要的价值。

（三）对城市形象的传达

诗意景观照明，通过灯光与照明技术的巧妙运用，构成了城市的夜晚形象，同时也承载并传达了城市的文化、历史及价值观念。照明设计不只是在视觉上的装饰，更深入地说，它是城市形象和文化价值的传播者。

通过科学合理的灯光布局和设计手法，让城市的文化遗产和历史建筑在夜晚赋予特殊的光彩。这些建筑，作为城市的历史见证，不仅在日间独特，而且在夜晚通过诗意景观照明得以显现，把文化的脉络和历史的厚重独特地呈现出来。这种设计不仅提升了城市夜晚景观的审美价值，更深层次地提升了城市的文化价值。

建筑物经过灯光的渲染，显现出浓浓的商业氛围 （摄影：梁勇）

与此同时，诗意景观照明通过对灯光色彩与变化的巧妙运用，能够更加鲜明地表达出城市的特色和个性。灯光的色彩、亮度、方向和变化等，都可以被设计师灵活运用，以形成独特的光影效果，反映出城市的风貌和精神。例如，对历史文化区的照明，往往选择暖色调的灯光，以彰显其历史的深沉和文化的庄重；而对商业区和娱乐区的照明，则可能选择明亮、色彩丰富的灯光，以表现其现代、活跃的气质。

诗意景观照明对城市形象的传达，进一步提升了城市的知名度和声誉。人们在夜晚的城市景观中感受到的不仅是视觉的享受，更是一种对城市文化、历史的理解和认识。这种体验不仅丰富了人们的生活，也增强了人们对城市的文化认同和自豪感。因此，诗意景观照明在现代城市发展中具有重要的意义，它既展示了城市的魅力，也推动了城市的文化传播和发展。

（四）对城市可持续发展的影响

在塑造、提升并传达城市形象的过程中，诗意景观照明在尽显城市夜晚魅力的同时，必须高度重视可持续发展的原则和理念。设计过程中应融入对环境的尊重与保护，以实现对城市形象的持续优化，并满足人与环境的和谐共生。

在灯光设备的选择与使用方面，设计师需具备对节能和环保的前瞻性思维。首选灯具和照明设备应在满足设计需求的前提下，具备良好的能源效率和环保性能，从源头上减少能源消耗和减轻碳排放负担。例如，LED 灯具就是目前比较理想的选择，它们能够提供良好的照明效果，同时具有较高的能源效率和较长的使用寿命。

灯光管理与控制也是实现诗意景观照明可持续性的重要手段。照明的时间、亮度应有科学的规划，尽可能地避免过度照明和光污染，减少对生态环境和人类健康的不良影响。例如，可以通过智能控制系统实现灯光的自动开关和亮度调节，避免不必要的能源浪费；对于过度照明和光污染问题，也可以通过合理的照明设计，例如避免照明向上投射、减少照明设备的漏光等方法进行解决。

诗意景观照明的可持续发展理念应与城市的整体规划和发展目标一致。城市的进步不仅仅体现在基础设施的改善上，更关键的是提升生活质量和提高环保意识。因此，诗意景观照明的可持续性不仅是技术问题，也是一种对城市发展理念的深入理解和贯彻。这种以可持续发展为导向的诗意景观照明，不仅能提升城市的形象和品质，也能推动城市的可持续发展，提高人们的环保意识。

二、诗意景观照明对人们情感的影响

（一）对情感体验的塑造

在照明设计中，人性化的照明需求不仅仅是满足生理（照度）上的，更应该是心理上的。诗意景观照明作为一种重要的城市设计手段，通过灯光和照明技术的运用，对城市的建筑、公共空间和景观进行精心的分析，通过合理的灯光布置和设计手法，创造出不同的光影效果和视觉体验，引发人们的情感共鸣和情绪感知。并对灯光的亮度、颜色和变化等要素的调控，营造出温馨、浪漫、神秘或活力四射的氛围，使人们在夜晚感受到独特的情感体验。

（二）对情感表达的激发

诗意景观照明通过灯光的运用，能够激发人们的情感表达。灯光的色彩、

浙江省衢州市开化县南湖公园，夜景内敛低调，是广大游客游览观光、市民休闲娱乐的好地方

（摄影：梁勇）

亮度和变化等元素可以直接影响人们的情绪和情感状态。通过运用不同的灯光色彩和亮度，创造出不同的情感表达效果，如温暖、喜悦、安静或激情等。这种情感表达的激发不仅可以使人们在城市中感受到愉悦和满足，还可以促进人们之间的情感交流和社交互动，增强城市的社会凝聚力和人际关系。

（三）对情感共鸣的触动

诗意景观照明通过灯光的运用，能够触动人们之间的情感共鸣。通过灯光的布置和设计手法，突出城市的地标建筑和景观要素，让其在夜晚展现出独特的魅力和美感。激发人们对城市的认同感和归属感，引发人们之间的情感共鸣。人们在夜晚欣赏到诗意的景观感受到对城市的热爱，从而增强他们对城市的情感认同。

三、诗意景观照明对夜间经济的影响

（一）对夜间经济的激活

诗意景观照明作为一种重要的城市设计手段，通过灯光和照明技术的运用，

法国里昂街道两侧的装饰照明吸引游客，促进了夜间经济　　（摄影：梁勇）

能够激活城市的夜间经济。夜间经济是指在夜晚活跃的各类商业、文化和娱乐活动，包括夜市、餐饮、娱乐场所等。照明通过合理的灯光布置和设计手法，营造出独特的夜间氛围和视觉效果,吸引人们在夜晚外出消费和参与各类活动。对灯光的亮度、色彩和变化等要素的调控，诗意景观照明能够创造出吸引人的夜间景观，提升夜间经济的吸引力和竞争力。

（二）对夜间消费体验的提升

诗意景观照明通过灯光的运用，能够提升人们在夜间的消费体验。合理的灯光布置和设计手法能够突出建筑物和景观的特色和美感，使其在夜晚展现出独特的魅力和吸引力。通过灯光的色彩和变化，营造出舒适、浪漫、热闹或高雅的氛围，提升人们在夜间消费场所的情感体验和满意度。这种对夜间消费体验的提升不仅可以吸引更多的消费者前来消费，还可以增加消费者的停留时间和消费额，推动夜间经济的发展。

（三）对夜间活动的促进

诗意景观照明通过灯光的运用，能够促进各类夜间活动的举办和参与。合理的灯光布置和设计手法能够为夜间活动提供良好的视觉环境和舞台效果，增加活动的吸引力和观赏性。通过灯光的色彩和变化，营造出兴奋、激情或神秘的氛围，增加夜间活动的趣味性和参与度。这种对夜间活动的促进不仅可以吸引更多的参与者和观众，还可以推动夜间经济的多元化和活力的提升。

（四）对夜间经济的可持续发展的影响

在诗意景观照明中，注重可持续发展对于夜间经济的影响至关重要。诗意景观照明应注重灯光的能源效率和环境友好性，选择节能的灯具和照明设备，减少能源消耗和碳排放。同时，应注重灯光的管理和控制，合理规划灯光的使用时间和亮度，避免过度照明和光污染对生态环境和人类健康造成的影响。诗意景观照明应与城市的整体规划和可持续发展目标相协调，通过科学的设计和管理，实现夜间经济的可持续发展和长期维护。这种注重可持续发展的诗意景观照明不仅可以提升夜间经济的品质和竞争力，还可以推动城市的可持续发展和环保意识的提升。

第三章　诗意景观照明的提出

我国著名水彩画家、美术教育家王肇民先生在他的《画语拾零》对绘画创作理论的阐述中，透露出一种颇有启发性的思考方式。王先生将绘画视为“画光”，而在这一过程中，“画光要画芒”的观念指引我们去捕捉被照射物反射的光。这反射的光，成了物体本质的映照，这也是照明设计师在设计过程中需要首先关注的关键因素。

“画芒”这一过程包含了点、线、面和色的处理，这些要素彼此交融，形成一种晕开的光的效果。要避免光的僵化，转化为生动的、有层次感的光，就需要我们关注明暗的过渡，使其自然，形成浓淡不一的“灰”。这样的处理方式，既能展示光的魅力，又能避免光的单一性，使其活灵活现。

当然，光的渲染有赖于特定的材质，反之，材质也会对光线的效果产生显著的影响。这种相互关系成了照明设计师需要关注的重要因素。这种理论转化为实践，需要设计师对光的理解与材质的熟悉，以及对二者相互作用的敏感性。

在阅读了画家和照明设计大师的作品、理论，以及他们的设计理念和方法后，发现无论是绘画中的“画光”，还是空间设计中的“表现光”，其本质都是一致的，均需对光有深入的理解和敬畏。通过深入了解光的特性，掌握美的规律，学习和反思经典案例，吸收并整合实践中的有益经验，才可以更好地理解和掌握光的设计。更重要的是，坚持以人为本的设计思维，寻找和创新照明设计的策略和方法，这才是照明设计学习中的真正要义。

一、诗意景观照明的美学意义

（一）诗意景观照明的美学关联

诗意的照明设计，是一种富有艺术性的创造行为，与美学的关联紧密且深远。美学，这一关注审美经验和审美价值的领域，其在照明设计中的重要性尤为显著。设计师们借由灯光的巧妙操控，塑造出独特的光影效果和视觉体验，从而激发人们对美的感知和情感共鸣。

作为一种致力于解析和探寻美的感知与体验的哲学分支，美学在照明设计中被广泛应用。设计师们深度运用美学理论，通过艺术性地塑造光线，挖掘光的美学价值，进而构建出令人愉悦的光影空间。这种空间不只为视觉提供享受，而是一场感官盛宴，有力地触发人们对美的深层理解和强烈共鸣。

在照明设计实践中，设计师们常以美学为指南，灵活运用各类灯具和技术，塑造出令人惊叹的光影效果。通过对光的强度、亮度、色温和色调的巧妙组合，他们能创造出各种不同的视觉体验。更为重要的是，卓越的照明设计还会考虑环境和场景，使得照明不仅满足实用需求，还能在视觉效果上引发人们对美的感知和情感共鸣。

诗意景观照明是对照明设计与美学关系的淋漓展现。这种设计理念强调照明设计的核心价值和目标应基于美学，追求照明艺术的表达和美的体验。这种设计与传统的景观照明存在差异。设计师通过光与环境的有机结合，创造出充满诗意的景观照明作品，让观者在欣赏照明效果的同时，也能体验到美的存在。

总体而言，照明设计与美学的关系无比密切。美学为照明设计提供了理论依据和实践引导，而照明设计则是美学理论在实践中的艺术表现。这种关系赋予了照明设计更深远的含义，它不仅仅是视觉体验的提升，更是对美的理解和追求的显现。

（二）诗意景观照明的美学内涵

诗意景观照明，作为一种景观照明更深层次的特殊照明方式，强调的不仅是对自然和人文元素的光影展示，更是对情感诗意的深度解读。该设计手法利用灯光作为表达媒介，混合景观与照明的各个元素，塑造出满溢诗意的光影效果和视觉体验。

天津光合谷的庭院灯，犹如一条不断延伸的光带，营造出了独特的美感　（摄影：安洋）

诗意景观照明的美学内涵，主要表现在其追求的超越功利性的美学目标上。这并非表示其轻视照明的实用功能，相反，它在满足基础照明需求的同时，致力于追求更高阶的美学价值。这种美学价值，体现在景观在夜晚通过灯光的艺术性处理后，呈现出的独特韵味和情感上。灯光不仅照亮了景观，更赋予了景观以诗意的生命力，使得夜间的景观如同一篇富有韵味和情感的诗篇。

诗意景观照明关注景观的情感表达和意境营造。通过微妙调控灯光的亮度、色彩和变化等因素，打造出一个充满诗意的光影画面。灯光的精致变化，能勾勒出丰富多彩的情感画卷，如宁静、喜悦、激动、悲伤等，宛如一首无声的诗，以光影的语言对人们进行诉说。至于灯光对色彩的处理，则同样是一种艺术。冷暖色彩的变换，如同画家手中的调色板，为景观勾勒出丰富的情感色彩。

诗意景观照明的最终目标，是希望人们在夜晚能享受到美的体验，并由此获得灵感的启迪。美的享受，不仅源自视觉的感受，也包括对光影变化的洞察，对色彩组合的欣赏，以及对灯光所营造的情感氛围的体验。灵感的启发，来源于人们对光影的思考、对色彩的理解，以及对情感表达的感受。在这个过程中，人们不仅能欣赏到美的景象，更能体验到诗的意境，从而获得深度的美学体验和灵感启迪。

（三）诗意景观照明的审美价值

诗意景观照明，作为一种独特的照明设计策略，无疑嵌入了深远而丰富的审美价值。它透过灯光的艺术性处理与景观的诗意呈现，在夜幕下的城市中创造出独特的美感，从而进一步激发人们的情感共鸣。它不仅营造出富含诗意的光影效果，为人们提供深度的视觉体验，更使人们在忙碌的城市生活中感受到自然之美、人文之魅以及情感的共鸣。

诗意景观照明的审美价值，不仅体现在其美化和提升景观的能力上，更显著的是其丰富人们审美体验和引发深层情感共鸣的能力。通过对光影的精准控制与对景观的诗意诠释，它不仅提供了一种视觉上的享受，更能深深触动人们的情感，激发人们对美的追求，从而进一步激活创造力。

杭州钱江新城灯光节，艺术小品的设置，注重精神上的享受，激发人们的视觉冲击（摄影：安洋）

更为关键的是，在提供丰富视觉体验的同时，诗意景观照明在无形中推动了城市的文化艺术发展以及人们的精神文明的提升。每一处光影，都可能激发出新的艺术灵感；每一处景观，都可能成为人们情感共鸣的泉源。诗意景观照明的实践，让城市夜晚的景观超越了简单的功能性照明，转变为人们生活中的艺术享受。这既激发了人们对美的热爱与追求，又在无形中推动了城市文化艺术的发展，提升了人们的精神文明水平。

（四）诗意景观照明的美学实践

在诗意景观照明的美学实践中，照明设计师的角色显得尤为关键。他们所具备的专业知识和丰富的实践经验，深深影响着照明设计的质量与成效。精准控制的光影效果，对色彩搭配的敏锐洞察，以及情感表达的丰富多维，都依赖设计师深厚的美学理论知识与实践经验。同时，设计师们也需要具备创新的思维方式和敏锐的审美觉察能力，从而能以灵活多变的视角和独特的创作手法来构建充满诗意的光影画面和深度的视觉体验。

进行诗意景观照明设计的关键步骤在于深入研究景观特性及其文化内涵。设计师们需理解和分析景观的独特属性，掌握其内在的文化价值，进而在设计过程中巧妙地融入这些元素以强化灯光效果。结合照明技术和艺术手法，可以塑造出独特的诗意感和视觉魅力，进而提升景观价值。

诗意景观照明的美学实践还需要各领域专业人士的协同合作。照明设计师、景观设计师、建筑师，以及艺术家等多学科团队，需要共同探索和实践诗意景观照明的美学价值，融合各自的专业知识和独特视角以赋予照明设计更丰富多元的内涵，从而使整个项目达到更高的美学效果。

在诗意景观照明的实践过程中，持续的创新和探索是推动照明设计领域发展的关键动力。每一个新的设计理念、每一种新的设计手法，都可能引领照明设计领域迈向新的发展阶段，从而提升城市景观的整体品质。因此，照明设计师以及相关专业人员应持续探索新的设计理念和技术，积极投入到诗意景观照明的美学实践中，以共同推动照明设计领域和城市景观的进步与提升。

二、诗意景观照明的构成形式

自现代设计理论萌芽之初，"三大构成"理论便贯穿其全程。我国设计界借鉴并引申了“包豪斯”的理念，将设计方法理论化，其中“三大构成”理念的确立为现代设计教学理论提供了坚实基础。具体到夜间景观照明设计中，灯具的平面布局、灯光色彩的搭配以及夜间空间形态的构成，皆离不开对“三大构成”理论的巧妙运用。因此，我们应充分掌握并将其应用于景观照明的诗意设计之中。

诗意景观照明设计中的构成形式，涉及景观元素的组织与表达，以及通过照明手法和技术创造具有诗意的照明效果。构成形式是景观照明设计中的基本要素之一，包含了景观元素的形状、比例、布局和空间组织等关键方面。在诗意景观照明设计中，我们需要通过精心构造的构成形式，塑造出富有艺术感和诗意的景观形象。例如，运用线性照明强调景观元素的轮廓和线条，或利用点光源的布置突显景观元素的重要性和独特性，从而创造出充满诗意的景观照明效果。

诗意景观照明设计的另一重要层面是景观元素的表达与情感传递。运用照明手法和技术，我们可以使景观元素在夜晚呈现出不同的光影效果，从而创造出富有诗意的照明氛围。例如，运用投光照明来突出景观元素的纹理和细节，或通过颜色渐变和动态效果，营造出情感丰富的照明效果，使人们在其中感受到诗意的美。

在构成形式与诗意景观照明设计中，还需要重视光的品质与对其的控制。光的品质涵盖了光的颜色、亮度和色温等关键因素，它们在创造出具有诗意的照明效果方面起着至关重要的作用。通过挑选适当的光源和灯具，运用调光和色温调节等技术手段，我们可以精确控制光的品质，从而达成所期望的诗意效果。

构成形式与诗意表达在景观照明设计中占据重要地位。我们可以通过合理的构成形式、景观元素的表达和情感的传递，以及光的品质和控制的运用，创造出具有诗意的照明效果，让人们在其中享受美的体验并感受情感的共鸣。主要的形式有以下几种：

（一）重复

重复是一种以单一基本形态为主题，在固定格式中连续排列的构成方式。在实行排列的过程中，排列的方向和位置变化需要特别关注，同时要确保重复

| 杭州市富阳区一江两岸的临水平台，结合新型创意灯具，营造静雅有致的光环境　（摄影：安洋）

排列的审美性。通常在此构成方式中，我们采取等比例的重复方式。重复形式在平面构成中颇为常见，它带来了一种有韵律、有秩序的美感。

在夜间景观设计中，重复的构成形式同样广泛出现。例如，道路两侧的路灯是一个典型的例子：在夜晚，道路两侧的路灯照亮了周围的硬质景观和软质景观。道路作为城市的 " 骨架 " 系统，上面布置着等距离的造型相同的路灯。在平面构图上，它们犹如一条条不断延伸的光带，重复的路灯形态营造出了独特的美感。

（二）渐变

渐变则是一种根据大小、色彩、方向、虚实关系进行变化的构成方式。渐变构成主要分为两种形式：一种是根据水平线、垂直线的密度比例进行变化；另一种是基本形态进行有规律、有秩序、逐渐变动（如方向、大小、位置、迁移等）。渐变这种构成形式可以让景观形态更加丰富，设计师可以运用这种构成方式设计照明，为行人指引方向。

灯具本身的特性就体现了渐变的形式，灯光强度从光源中心向四周逐渐变弱。从空中俯视夜景，所有的光源点都构成了一幅渐变的画卷。渐变构成为整个夜景环境增添了艺术氛围。例如，在水体照明中，水底安装的灯具发出的光芒使得水体在夜间呈现出一种渐变的感觉。灯具的使用总是与渐变构成紧密相连，在许多节日景观的灯光设计中，利用渐变的灯光可以使景观产生一种延伸的感觉，从而在构图上更具有方向性。

北京 798 艺术区的灯光小品，采用渐变的色彩给环境增添了艺术氛围（摄影：安洋）

（三）肌理

肌理一词主要用来描述某一平面的平滑或粗糙感。在设计过程中，视觉肌理的研究尤其关键。对于夜间景观设计，我们也需要考虑肌理的表现形式和由此产生的效果。在灯光设计中，一方面要处理硬质景观和软质景观的材料自身所形成的明暗关系，另一方面也需考量光源投射下肌理的表现效果，比如有些景石在灯光的投射下，粗糙的质感更为突出。

广州图书馆外墙采用投光的形式，强化了建筑表面的肌理 （摄影：梁勇）

（四）密集

密集是一种在需要强调某一特点时常用的构成方式。对于基本形态的密集，通常需要有确定的方向和数量，并伴随从集中至消散的渐变现象。为了加强视觉效果，也可通过基本形态的重叠、透叠和复叠来增强密集感和空间感。在夜景观设计中，我们可以运用密集的构成方式来强调某一个重要的景观节点，一般在平面设计图中，灯光聚集的区域，就需要将该区域的夜景效果特别强调出来。

浙江普陀山夜游场景中的山体照明，采用点光源的重叠、复叠来增强密集感和空间感（摄影：梁勇）

（五）对比

对比是根据基本形态的大小、方向、形状、位置、色彩等差异，来给人带来强烈的视觉感受。一般来说，对比常被用于突出主题、增加层次感。

对比是平面构成中的一个常用方法。设计光源时，需要将重要的区域照亮，与其他暗部形成对比。然而在设计过程中，需要谨慎处理明暗的关系，避免出现过于昏暗或过于明亮的情况。若周边景观过于昏暗，可能影响夜间的安全出行，并无法凸显景观特色；而过于明亮则可能破坏夜晚的氛围感。同样，过于强烈的明暗对比可能使整个景观显得冰冷、生硬，缺乏生机。

新加坡圣淘沙岛照明，采用投光照亮莲花造型，强烈的明暗对比，突出了形体　（摄影：梁勇）

三、诗意景观照明的构成规律

夜景照明设计中涉及的构成规律大致有统一与变化、对称与秩序、节奏与韵律、对比与调和以及比例与尺度等多个元素。统一性和变化性的结合能使夜景在保持整洁美感的同时富有动态趣味。对称和秩序则能创造出视觉平衡，使灯光布置实现亮度和色彩的均衡，增强整体视觉效果。节奏与韵律在夜间景观照明中的应用，如有规律地布置投光灯，可营造出强烈的动态感，丰富空间层次的多样性。对比与调和是另一个重要元素，通过明暗、虚实、动静等对比，可以强化重点，使空间更具活力。同时，合适的比例与尺度是美的关键，不同的照明方式会引起不同的尺度感受，有时需要打破原有的比例和尺度来纠正某些“比例失调”的问题。这些元素的巧妙运用和结合，能使夜景照明设计更具艺术性和趣味性。

（一）统一与变化

所有事物均具有其独特的特性，而统一性则关乎如何将这些事物的共性进行协调和融合。每个事物本质上都蕴含了动态性，这不仅能激发视觉刺激，也能吸引人们的注意力。在夜间照明设计中，这种动态元素以灯具的多样性、照明方式的变化和灯具布局的多种形式表现出来。光线的亮度和强度也是在不断变化的，光的亮暗都会进行微妙的调整。灯具的排列方式也会产生不同的空间感受。然而，在设计夜景时，我们必须注意变化的度。如果过分强调变化而忽视节奏感，可能会让整个空间显得混乱、无序。为防止此情况，我们应通过统一性来进行调整，确保灯具的形状、装饰、颜色和布局等元素和谐统一，并需要注意灯光与环境、各种灯光的整体和局部之间的协调和呼应。统一性和变化性的巧妙结合可以使夜间景观在保持整洁美感的同时，也富含动态趣味。

绍兴古镇的照明，檐口下的灯笼起到标识性作用的同时，形成有韵律的节奏感　（摄影：梁勇）

（二）对称与秩序

对称和秩序是两种重要的构成方式，它们可以创造视觉平衡的效果。在构建稳定、庄重的视觉效果时，可以采用对称的设计手法，以形成有秩序和条理的静态美感。然而，对称的构成手法应适度使用，过度使用会给人留下单调乏味的印象。因此，我们应在对称和秩序中寻求适度的变化，以增加设计的趣味性。夜景设计同样需要运用对称与平衡的方法。对于较为单调、缺乏趣味的夜景环境，可以适当增加灯光以实现视觉的均衡；对于秩序缺乏、暗淡单一的景观，可以通过灯具营造出柔和、稳定的美感。恰当地运用对称和秩序，可以使灯光布置实现亮度和色彩的均衡，从而增强整体的视觉效果。

绍兴新昌游客服务中心大楼立面的灯光，增添了立面的趣味性　（摄影：梁勇）

（三）节奏与韵律

节奏可被描述为一种有规律的周期性变化和运动，而韵律则是在节奏的基础上产生的更深层次的形式与节奏的动态变化。简单地说，节奏是有规律的变动，而韵律则是由变化所产生的动态美感。在夜间景观照明中，也大量应用了节奏与韵律的设计手法。例如，夜间道路两侧有序布置的装饰灯，在道路的延伸过程中，宛如两条不断延长的灯带向前推进，营造出强烈的动态感。节奏和韵律的变化，使路灯从静止状态转为运动状态，从而丰富了空间层次的多样性。通过改变灯光的颜色和明暗变化的节奏，也可赋予灯光更强烈的动感。

杭州西湖边的步行街，道路上的成排装饰灯，形成有韵律的节奏感（摄影：安洋）

（四）对比与调和

对比是指两个或以上的元素、形状或性质基本相同的景观元素，在并列或接近时产生互衬的效果，使双方的特性和差异更为突出，有助于强化重点并取得生动活泼的效果，而调和则是在对比的基础上产生的和谐统一。一般有以下几种：

明暗对比。在夜幕降临后，灯光会形成明与暗的对比。应利用这一特性，通过对比与调和的方法，创造出良好的明暗对比效果，使周围的空间更具有过渡感和神秘色彩。

虚实对比。在夜间景观中，视觉模糊的景观被视为虚景观，而灯光下清晰可见的景观则视为实景观。设计中需要注意虚与实的比例，过多的虚部分会使景观缺乏趣味和充实感，过多的实部分则可能使空间布局过于拥挤，缺乏层次感。

动静对比。随着科技的发展，出现了众多新型灯具，使得原本静态的灯光开始向动态变化，动静对比的方式可以赋予空间更多活力与生机。

对比并不仅仅是对立，它们也可以相互影响、相互衬托，当两种对比产生了美好的效果时，对比就变成了调和。

（五）比例与尺度

比例代表了一种对比关系，尺度则表示事物自身的体量范围。对于光而言，尺度的变化相较于其他实体更加灵活，灯具离被照射物体的距离、照射角度、被照射物体的大小等都可能改变尺度。美的事物通常离不开适当的比例，在夜景观环境设计中，有时需要打破原有的比例和尺度来纠正某些“比例失调”的问题。不同的照明方式会引起不同的尺度感受，例如泛光照明会给人开阔、辽阔的感觉，而局部点光照明则可能放大被照射物的尺度感。

衢州市开化县南湖公园，照亮水池起到间接照明的效果，忽略周围的绿植，让空间更具有过渡感和神秘色彩　（摄影：梁勇）

四、诗意景观照明的意境塑造

诗意照明设计是一种艺术与科学的融合。在景观照明设计中，我们的追求超越了纯粹的功能性照明，更加注重通过光的艺术性表达来创造独特的情感体验，使人们在其中感受到诗意的美。这种诗意照明设计不仅仅是照明技术的应用，也是艺术和情感的表达。

在诗意照明设计的意境塑造过程中需要我们对各种元素进行全面考虑。其中，景观特性、功能需求以及人们的感知方式都是构建一个整体性的照明设计的必要因素。合理的光源布置、照明亮度的调控，以及光的色彩和动态效果的运用，都有助于我们营造出各具特色的景观照明场景，并进一步创造出独特的诗意氛围。

光与影的对比是照明设计中的重要元素，它不仅能够营造出丰富的层次感，也能赋予空间神秘感。通过精心的照明布局和光线角度控制，我们可以在景观中形成明暗交替的效果，使得景观在夜晚展现出迷人的光影变化，进而塑造出诗意的氛围。

此外，光的节奏和韵律也是诗意照明设计的重要构成元素。通过应用各种照明技巧，如渐变、闪烁、呼吸等，我们可以赋予景观中的光线起伏和律动，从而创造出一种诗意的韵律感。

不仅如此，情感的表达也是诗意照明设计的核心。通过运用不同的光色、光强和光效，我们可以构建出多元化的情感氛围，如浪漫、宁静、神秘等，使人们能在其中感受到诗意的美。

总的来说，诗意照明设计是对景观整体性的理解，对光影对比的应用，对光的节奏和韵律的掌控以及对情感表达的探索的综合体现。借助专业的照明设计理论和技术，我们可以创造出独特且引人入胜的景观照明场景，进而引导人们在其中体验美的享受和情感的共鸣。具体有以下几个方面的表现：

（一）恢宏庄严的意境

在宏伟而庄严的主题空间中，通常存在一个占据主导地位的照明对象，对此我们需赋予关键的照明设计重点。这类宏大的空间照明设计强调对景观主题或空间中核心物体的明确照射，如采用大面积泛光来处理背景，便能凸显出空间的恢宏气势。同时，色彩设计应简约清新，以冷色系为主的灯光进行核心物体的照明，为身处其中的人们塑造庄重肃穆的氛围。

此类空间中的园路通常是对称分布的，因此，其园路灯具便成了夜晚空间结构的骨架。道路灯具的排列应该整齐有序，且行道树的照明亮度需要适度调整，避免过于刺眼。采用上射照明法则是个理想的选择。植物照明方面，独立的观赏性植物可主要采用侧射灯进行照明，而由多种植物组成的群组，则可使用地埋灯配合泛光灯进行照明。对于大面积的树林，可以在其边缘采用泛光照明，以展示其壮丽的气势和整体风貌。

西安经开区政府大楼，对称布灯的光影给人恢弘大气的感受　（摄影：梁勇）

（二）古朴诗意的意境

对于古朴诗意的环境，照明设计的目标并不仅仅局限于塑造某个主题景观，而是应提供一系列具有观赏性的夜景观，引导人们游走其间并驻足欣赏。因此，在这类环境中，可以主要采用间接照明的方式对景观进行照明。一些古朴诗意的空间经常配有景石和其他构筑物以进行空间点缀，烘托气氛。这些假山叠石的光源设计往往隐藏其中，引导光线向外照射。

古朴诗意环境中的静态水体应重点突出其宁静的倒影，将光线主要照射至水边的景物，而动态水体更注重表达其活力，通常在水体边缘设置水下射灯，或在水边布置射灯和庭院灯。园路照明设计需在满足基本照明需求的同时，重点进行意境的营造。园路照明通常选用造型古朴的间接照明灯具，照亮周边的树木形成斑驳的树影。对于植物群组，则可在植物周围布置侧射灯进行照明，丰富夜间空间的层次感，增添诗意的氛围。大面积树林则可采用地埋灯进行上射照明，作为景观背景来提升整体氛围。

西湖国宾馆的照明呈现古朴诗意 （摄影：安洋）

（三）安静浪漫的意境

安静浪漫意境的塑造需要打造一种朦胧的美感，在构建一个安静而浪漫的空间时，关键在于创造一种朦胧美学，将光线处理得恰到好处以使其既朦胧又清晰，这一点尤其需要注意。通过精心设计光线和阴影的交错布局，可以达到这种效果。在此种空间中，建筑主体应尽可能地让人产生亲近感。为达成这一

杭州西湖边的绿植照明，静谧浪漫的空间，有一种朦胧之美　（摄影：安洋）

目标，可以在墙面较大的区域采用泛光灯和内透光灯结合的方式进行照明，以打造温馨而亲切的氛围。

此类空间通常会摆放一些富有趣味性的雕塑小品，因此在照明设计上，我们需要在靠近雕塑的地方设置地埋灯，以及在侧面安置泛光灯，以突显雕塑细节的丰富性。对于水体部分，设计也需要独具匠心。对于大面积的水体，可以在水域边缘安装下射灯或在池壁上安装 LED 灯和雾森，既美观又能增添一些神秘感。

植物部分也应考虑与周边环境的和谐统一。对于单独的树木，可以考虑主要采用下方侧射灯照明，并将行道树的灯具安置在树上，使其向下照射。而对于植物群组，可以在其周围设置侧射灯，重点照射植物的中部。对于大面积的树林，需要突出其边缘以衬托出内部的温暖氛围，可以设置地埋灯或草坪灯进行照明。

（四）欢快活泼的意境

在主题公园等场所，经常需要营造一种欢快的气氛。在这些环境中，建筑和构筑物的照明应着重显示其夜晚的趣味性和多变性。为此，我们可以采用轮廓照明、泛光灯照明和投光照明的组合方式进行照明。静态水景可以适当运用彩色水下射灯，以增强活泼的色彩感并突出其趣味性。

旱地喷泉可以加入音乐并设置地埋灯，以突出水柱。对于瀑布和动态跌水，为增强其动态效果，可以在跌水口处设置向上射灯。在喷水池中，我们可以使用水下射灯投射水池中的雕塑，既可以增强水池的动态感，也可以丰富雕塑在水中的倒影，进一步增强其趣味性。对于园路，在满足日常照明的基础上，可以采用造型独特、富有艺术感的路灯或庭院灯。

对于孤立的树木，我们可以通过周围的泛光灯或者树下的地埋灯进行照明，使其成为视觉焦点。而对于植物群组部分，我们可以采用部分地埋灯进行照明，以突出植物的生动姿态。

每种意境都有其独特的特点和照明设计重点，不同的意境通过照明设计的巧妙运用，营造出不同的夜晚氛围和景观效果，让人们在不同场所中获得不同的视觉和感官体验。

台北一酒店大堂，光和影的投影，营造一种活泼的趣味感（摄影：梁勇）

第四章　诗意照明的相关理论

一、诗意景观照明的色彩要素

（一）色彩三要素

色相是用来标识物体反射的主要波长对应的色彩呈现。它被视作一种基础性的特性，能帮助我们识别并命名各种不同的色彩。在可见光谱中，如红、橙、黄、绿、蓝、紫等，都对应不同波长的色相。

明度描述了色彩的明暗程度，这与物体表面的反射率有着直接的关联。如果物体表面反射率高或光线强烈，色彩的明度则相对较高，给人的感觉通常是鲜亮或浅淡。反之，当物体吸收大部分光线或光线较弱时，其明度就会降低，从而使色彩看起来较深或较暗。

另外一个关键的颜色特性是纯度，这表示色彩的鲜艳程度，也被称作彩度或饱和度。纯度越高，色彩的鲜艳程度越强烈，视觉刺激也相应增强。当我们观察到一个颜色异常鲜艳的物体时，我们通常会称其具有高纯度的色彩。

总的来说，色相、明度和纯度是评估和区分色彩的主要指标。色相代表了色彩的基本属性，明度反映了色彩的明暗程度，纯度则描述了色彩的鲜艳程度。通过对这些特性的深入理解和掌握，我们可以更为准确地识别、描述以及应用色彩。

（二）照明中的光源色、固有色与显现色

在照明设计中，色彩的概念确实覆盖了光源自身的颜色以及被灯光照射后物体表现出来的颜色。物体颜色的表现可以进一步划分为两种情况：一种是物体在自然光下呈现的固有色彩，另一种是物体在人工照明环境下展现的显现色。

光源色、固有色和显现色之间的相互作用形成了一个不断变化的因果关系。在光谱分布图中，物体颜色可以由光谱中波长最长的颜色来表示。

（三）人对色彩的感知

人类对色彩的感知在塑造空间氛围和影响情绪上起着重要的作用。我们的第一感觉通常受到颜色感知的影响，例如当我们步入一个新的空间时，颜色的变化可以带动空间氛围的转换，从而影响我们的情绪。例如，红色可能会使我们感到激动，而绿色可能让我们感到宁静舒适。颜色对人类的影响不仅限于情绪变化，它还可以唤起我们对过去空间的记忆，增强我们对周围环境的注意力等。这些都是需要考虑的重要因素，主要表现有以下几种：

1. 清凉与温暖感

根据我们的日常生活经验，我们会发现当我们置身于有着翠绿的森林、碧绿的湖水和蔚蓝的天空的环境中时，我们会感到一种凉爽和平静的情绪。相反，当我们观察到橘色的灯光、大红的灯笼和浅褐色的砖墙时，我们会感受到一种温暖和舒适的感觉。因此，在设计中，我们常常以人们对色彩的心理感受为出发点来设计灯光。具体案例的特点决定了我们可以使用不同的色彩搭配。例如，绿色和蓝色能够给人们带来轻松和随意的心情，大面积的红色则能够给人们带来温暖或热烈的感受，而白色的灯光则起到平衡作用。

淡雅的古建筑照明，通过红色的灯笼来点缀 （摄影：安洋）

2. 前进与后退感

在诗意景观照明设计中，同样的景观使用不同的色彩可以产生不同的效果。例如，当冷色和暖色形成对比时，红色显得更加明亮夺目，吸引人们的注意和激发兴趣，同时也凸显了蓝色的冷峻和收敛感。各种色彩的光线融合在一个空间中，会感觉红光离我们更近，而蓝光则更远。

| 不同光色影响人的心理感受　（摄影：安洋）

3. 膨胀与收缩感

从视觉角度来看，低明度色彩的空间看起来比高明度色彩的空间更狭小，高纯度色彩的空间比低纯度色彩的空间更拥挤。然而，人们对于色彩的偏好和个体的色彩经验也会对感知产生影响。因此，在研究空间中的色彩时，我们需要在了解基本色彩规律的基础上，考虑设计师个人的主观性，并对使用者的色彩心理进行调查和分析，以实现更加准确的照明和色彩设计。

4. 色彩与空间感

色彩对人们对物体的感知有着深远的影响，比如物体是否显得更大或更小，是否给人一种前进或是后退的感觉。色彩的对比可以导致我们对视野中物体之间距离的感知发生变化。例如，当同一空间中的冷色调物体与暖色调物体并置时，我们通常会有一种感觉，即冷色调的物体似乎在视觉上退后，相比之下，暖色调物体则显得更接近。此外，在保持色相不变的条件下，通过调节明度或纯度，我们也会发现一个现象：高明度的物体似乎更近，低明度的物体看起来更远；高纯度的物体在视觉上突出，而低纯度的物体则相对隐退。

5. 色彩的重量感

色彩还可以影响物体的重量感。如果我们面前有一座被白光照亮的建筑，而建筑前方有一座很小的红色雕塑，我们可以明显看到红色雕塑虽然体积上比建筑的体积小，但是给人的感觉却比建筑更加沉重。建筑在白色灯光的映衬下显得更加轻盈和透明。在照明设计中，我们经常利用白色灯光照射在高大的墙体或物体上，以减轻墙体的压迫感和物体的笨拙感。

有色光起到四两拨千斤的作用 （摄影：安洋）

6. 色彩的诱惑力

色彩的诱惑力是指色彩所产生的一种独特的吸引力和诱惑效果。关键在于如何恰当地控制色彩与其环境之间的明度对比关系。通常，在明度和纯度较低的环境中，突然出现的高明度和高纯度的色块，往往能够轻易地制造出强烈的诱惑感。

7. 色彩的象征性和安全感

色彩的象征性是社会习俗和文化背景赋予的特定含义，比如红色常常象征危险，黄色代表警示注意，而绿色则代表安全。利用色彩的象征性，再结合个体的生活体验和教育背景，可以在设计中创造出意料之外的效果。值得注意的是，色彩的象征性受到不同国家和民族的文化影响，其含义可能因地域而异。例如，尽管大家都在看同一种颜色，但其引发的联想可能千差万别。在西方婚礼中，白色常被视作纯洁和神圣的象征，然而在中国的传统婚礼中，人们往往避免使用白色，因为在中国文化中，白色更多地被用于葬礼，象征着哀伤和离别。

（四）人对光线的感受

光，以电磁波的形式存在于一个广阔的波长范围之中。然而，当我们探讨电磁波谱时，会发现可见光波只占据其中的一个微小分区。具体而言，可见光波的波长介于 380 纳米至 780 纳米，涵盖了红、橙、黄、绿、蓝、紫等光谱颜色。除此之外，电磁谱中还有超越可见光范围的红外和紫外部分，尽管这些波长超出了人类的视觉感知范围，但它们在生理上对我们仍具有明显的影响。

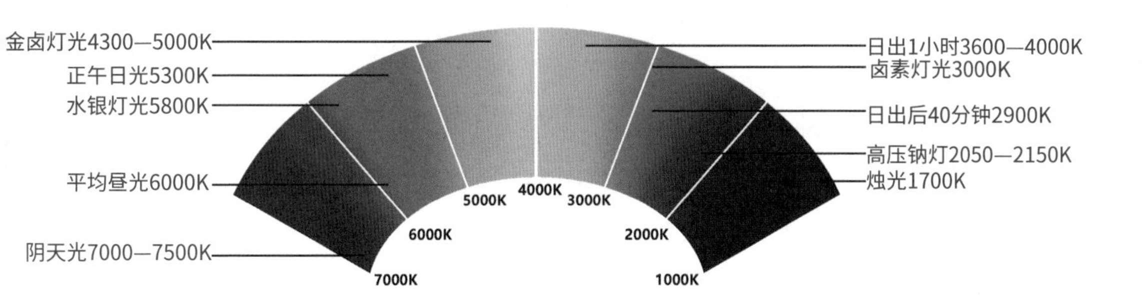

不同可见光的色温示意图

红外线，属于红外区域的电磁辐射，其特性使得当它与皮肤接触时会使皮肤产生热感。而波长短于30纳米的紫外线辐射，可能对生物组织产生有害影响。在照明设计领域，考虑红外线和紫外线辐射对人体可能产生的负面效应是至关重要的。

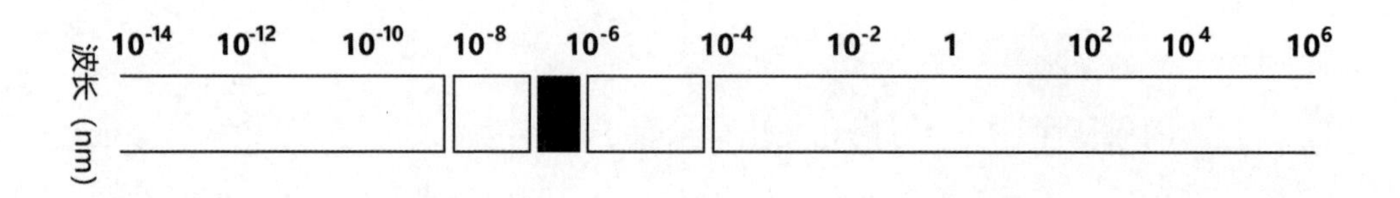

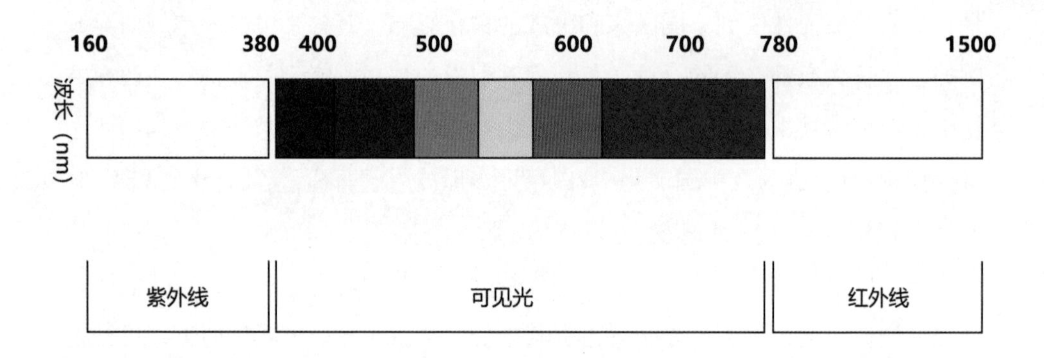

光谱示意图

1. 色温与其影响

除色谱特性外，光源的色温也是其显著的属性。色温的定义是：当光源发出的光色与黑体在特定温度下发射的光色一致时，这个温度被称作光源的色温，用开尔文（K）作为表示单位。一般来说，当色温高于 5300K，光呈现出的是冷色调；当色温低于 3300K 时，呈现出的是暖色调；而 3300K 至 5300K 的则是中性色温。

在实际应用中，红色光源的色温相对较低，而蓝色光源的色温则相对较高。暖色调光源，因为它们能够引起与火焰或黎明、黄昏时的阳光相关的联想，所以在较低的照度环境中比较受欢迎。相对地，高色温的冷光在较高的照度环境中更受欢迎，因为它们与明亮的日间光线相似。

西安大雁塔，在冷峻的环境中给人冷静的感觉，暖色的塔体给人超凡脱俗的心理感受（摄影：梁勇）

2. 光的显色性

显色性是描述光如何影响物体颜色的特性。物体显示颜色的原因在于它们吸收某些波长的入射光，同时反射其他波长的光。这反射出的光的颜色，就是我们所观察到的物体颜色。由于光源的光谱分布的不同，一个物体在不同的光源下可能会展现出不同的颜色。在实际应用中，外部环境的影响可能使得物体的显色与其固有色产生差异。因此，选择合适的光源是至关重要的，因为它直接决定了物体在给定光源下的色彩展现。

二、诗意照明设计的基本原则

（一）美学原则

美学原则在诗意照明艺术设计中具有至关重要的地位。美学的有效运用能提升城市空间的品质，使城市空间层次分明，以营造出宜居、宜游、宜品的城市夜间休闲空间，以此丰富居民的夜间生活。高质量的诗意照明设计必须融合良好的空间层次与实用功能，同时考虑到色彩美感、形式美感、空间美感、肌理美感等设计元素。在城市景观照明初期，人们过于追求新奇、璀璨的效果，这导致景观照明成为城市资源的过度消耗和光污染的源头。因此，在进行照明艺术设计时，我们应注重培养公众对于照明美感的理解，增强对城市夜景的认同，以此营造一个高品质且舒适的城市环境。

（二）文化原则

随着城市化进程的加快，许多城市经历了大规模的建设和拆迁，导致许多历史建筑和街道在城市中消失，也使得城市失去了自身的地域特色景观。替代这些历史建筑的新建筑的材料和风格过于相似，导致城市和建筑的同质化问题越发严重。因此，我们倡导城市的有机更新，从物质空间的再造向精神文化的关注转变。文化是城市的灵魂，城市建设以及景观照明应遵循城市的文化内涵，并体现出具有地域文化特色的夜间景观。遵循文化原则，我们可以通过“光”的视觉传达，展现出一个城市的独特个性与文化，使得身处其中的人们产生归属感。同时，也应充分展示当地历史面貌、独特文化习俗、特色景观等深厚的文化元素。

（三）经济原则

城市景观照明具有极大的经济价值。城市景观照明通过塑造优良的夜间环境，使城市的观光旅游活动得以延续至夜晚，进一步刺激人们进行夜间观光旅游、购物休闲等娱乐活动，从而提高城市的经济效益。例如，重庆的洪崖洞通过艺术照明勾勒出独特的建筑形态，创造出丰富的空间层次和视觉感受，无论是外地游客还是本地居民，都被这独特的山城夜景所吸引。在遵循经济原则进行城市景观照明设计时，我们应该考虑灯具的日常维护、投资方的收益、投入资金与预计收益的匹配等经济因素。

重庆洪崖洞的夜景，采用勾勒的形式呈现了古建筑繁复的结构　（摄影：梁勇）

（四）生态原则

绿色可持续是照明设计的重要原则。近年来，随着照明技术的发展，由于缺乏合理的照明设计和灯光使用，一些地方出现了严重的光污染，严重影响了人们的日常生活。同时，一些城市的景观照明设计没有对灯具的使用进行合理规划，导致灯光资源的大量浪费。因此，我们应该遵循生态原则，在规划阶段，要设置合理科学的照明标准，选择高效、节能且环保的灯具。在设计过程中，应对灯光进行精确把控，减少眩光、反射光对人们和环境造成的不良影响。在设计完成后，要进行完整的验收监管和维护修理，以确保照明系统的持久可靠。

绍兴鉴湖景区的夜景，以较少的光给空间带来足够的亮度 （摄影：梁勇）

三、设计大师的诗意照明理论

（一）理查德·凯利的“照明三部曲”理论

> 照明是建筑中构成视觉艺术的重要部分，最重要的是今天我们能做好的事情，到明天就不够了。在逻辑上我可以设计很多照明技术来改善人们的生活或让房子更加美丽，但是直到我们有了实践经验才诉诸文字。
>
> ——理查德·凯利

在早期的现代主义建筑中，将照明与建筑完美结合成为当时急需解决的难题。理查德·凯利，一位备受赞誉的美国照明设计师，深信灯光是建筑设计中不可或缺的组成部分。他从视觉心理学的感知理论、舞台灯光的实际经验，以及自然光的光学效应中获得了丰富的启发。并通过多次设计实践，将经验和感知层面的舞台灯光氛围制造手法及其他要素与以视觉心理学为基础的照明设计理念有机地融入到了建筑照明中。

理查德·凯利基于人的视觉感知将照明分成三种基本的效果：焦点光或高光 (Focal glow or highlight)；环境光或分级光 (Ambient luminescence or graded washes)；装饰光或锐利的细节光 (Play of brilliants or sharp detail)。每一种效果在环境中都扮演着特定的角色和发挥着独特的作用。

焦点光或高光是将光源集中在特定区域的照明效果，以便使之成为视觉焦点。例如，在建筑立面上突显重要的装饰元素，如雕塑或标志性标识。通过巧妙运用焦点光，建筑师能够吸引人们的目光，突出建筑的特色，从而打造出独具魅力的空间氛围。

环境光或分级光是将照明均匀地分布在整个空间中，以创造出舒适、和谐的环境氛围。这种照明效果在公共空间、大型广场或街道上具有特殊的用途。通过精心设计的分级光，可以营造出宜人的夜间环境，使人们感到放松和愉悦。

装饰光或锐利的细节光则侧重于强调建筑细节，如窗户、门廊或雕塑等。通过将光源聚焦在这些细节上，可以在夜间使它们更加引人注目，增加建筑的立体感和层次感。

理查德·凯利的照明设计理念不仅在当时得到广泛应用，而且对于现代照明设计依然具有重要的借鉴意义。他的设计思想使得建筑照明不再局限于简单的功能性需求，而是将其提升为一种艺术形式，更好地满足人们对于城市夜间环境美感和文化体验的需求。

为了帮助设计师更好地理解如何应用该理论指导照明设计，理查德·凯利把他的照明设计理论转化为三种设计策略。

1. 增强焦点光

“增强焦点光”是理查德·凯利在一个场景中强调一个物件的手法。他这样描述：“增强焦点光就像现代舞台上的追光灯，就像灯光打在你最爱的阅读座位上，或者初升的阳光点亮峡谷的尽头；就像黑暗中打在脸上的烛光，或者你走在昏暗的楼梯上时面前的那一束手电光……增强焦点光使照明对象更加清晰明了，也可以用来在商店橱窗里凸显售卖的商品。它可以把重要的东西从一堆不重要的东西中分离出来，让人们一目了然。

浙江金华婺江边的雕塑设计，光和影的配合，虚实互补 （摄影：梁勇）

2. 减弱环境光

减弱环境光是让人大体上感知环境的背景光。理查德·凯利用形象的语言描述："减弱环境光就像清晨一望无际的雪原，就像海上的大雾中小艇的灯光，又像是宽阔的河面上，将河水、堤岸与天空模糊成一片的黯淡的天光。这就是为什么艺术画廊偏好用白墙、透明天花板与条状灯带。减弱环境光是没有影子的泛光，用以消解背景物体的形状和体积。"

日本东京国立博物馆景观照明　（摄影：梁勇）

3. 引入装饰光

装饰光是指动态而丰富多彩的光线，把光线本身作为一种信息。理查德·凯利这样描述："装饰光，如同夜晚的纽约时代广场，或者 18 世纪那种被烛光和水晶吊灯点亮的宴会厅。是喷泉或者潺潺流淌的小溪反射的跳动的阳光，是洞穴中埋藏的钻石，也可以是教堂里五彩的玫瑰窗……它刺激人们的身体和精神，鼓舞人心甚至增进食欲，激发好奇与想象。"理查德·凯利的视觉美学，就是以上三个层次交织的产物，虽然在很多时候其中某一个层次会被刻意凸显。

山东泰安一购物广场，树上采用悬挂的装饰照明，营造了商业氛围 （摄影：梁勇）

理查德·凯利设计完成了很多标志性的作品，他的理论能够指导照明设计成为优秀范例，他的实践也反复验证了照明层次理论的可行性。理查德·凯利为西格拉姆大厦所做的出色照明设计赢得了美国建筑师协会(AIA)的荣誉，这证明了他在“建筑中的用光”方面的卓越成就，建筑界也自此认识到了照明设计作为一个专门行业的价值。

视觉心理学和舞台照明对建筑照明设计的影响：

理查德·凯利在建筑设计中注重环境心理因素，建立了以视觉心理学为基础的照明设计理念，这一理念已成为现代建筑照明设计的基本准则，用来指导设计师调整环境中的光状态，营造空间层次和氛围，改善人的切身感受。

理查德·凯利的理论体系颠覆了过去仅以均匀照度为主要照明设计指标的简单做法，他提出了一种通过分层次的照明理论来分析空间、确立照明概念和控制光品质的方法。这种方法使得照明设计不再仅仅关注“数量”，而更加注重“质量”，从视觉、心理和体验的角度来认识和运用光。

最早有意识地将照明作为一种艺术表现方式对待的是舞台灯光设计。光无形、不可触摸，但当光遇到空间中的物体时即可赋予不同的几何形状。光创造出“实与空”的空间效果，“而舞台作为逐渐展开又瞬息变化的行动的场所，提供的是运动中的色彩和形式”。

通过光的亮度、色彩、分布等变化能够有效塑造舞台气氛，呈现场景细腻的层次和细节，牵动观众的情绪。

舞台照明所产生的艺术效果给现代建筑照明设计带来很大的启发。耶鲁大学戏剧学院负责舞台灯光设计课程的著名教师斯坦利·麦坎德利斯 (Stanley McCandless) 指出，舞台灯光影响气氛的效果将对日常环境带来影响。理查德·凯利作为斯坦利的学生延续了这种理念，并将用光制造不同舞台气氛的手法运用到了建筑照明之中，使得建筑照明理论体系更加完善。

话剧《简·爱》，通过光的亮度、色彩、分布等变化能够有效塑造舞台气氛，呈现场景细腻的层次和细节，牵动观众的情绪　（摄影：梁勇）

（二）威廉·拉姆的控光理论

威廉·拉姆 (William Lam，1924—2012) 是现代照明设计的另一位重要创始人。20 世纪 70 年代，威廉·拉姆在照明领域提出了视觉心理学的研究，以此为基础，结合了人类的生理和心理特点，从感性的角度完善了照明理论。他认为，照明设计的基本出发点和最终目标应该是满足人类的需求。具体应满足以下几个方面的需求：行为需求（人们有意识地获取信息）；生理需求（无意识的感知，光线在背后操控我们的身体）；心理需求（应能识别和理解周围环境，感到安全，看到风景）；方向性需求（理解空间、引导空间方向和道路，感受时间、天气、环境的变化）；交流需求（公共生活、社交、观看的需求）。

威廉·拉姆的设计理念是将灯光与建筑形式融为一体。他运用视觉感知原则来决定应该照亮什么以及为什么这样做，其设计的重点始终是照明建筑表面，包括结构和其他需要强调的部分。他认为，天花板应该发光，墙壁应该发光，如果想要漂亮的灯具，就用建筑表面来设计，这样可以扩展空间并创造亮度感，从而产生视觉上的舒适感和兴趣。他虽然没有发明间接照明，但他在寻求无眩光环境时将其提升到了一个全新的水平。华盛顿地铁照明就是他设计理念的完美体现。

理查德·凯利认为照明设计需要控制光的六种特质：强度、亮度、扩散方式、光谱色彩、方向和运动。控制的目的在于形成有层次的光。例如，利用扩散光形成均匀、柔和的光场；通过改变光的明暗、颜色、方向、照射区域的大小、形状或质感等，制造场景的变换和不同的气氛等。在他的理念中，光不仅仅照亮环境和物体，更重要的是营造环境气氛，影响人的情绪。

在理查德·凯利的很多经典照明项目中，具体的照明手法包括：间接照明、洗墙照明、发光天棚、内透光照明、采光天窗外环境照明、下照聚光灯、树枝形吊灯等。这些具体手法体现了"照明三部曲"理论的灵活组织与运用，并成为沿用至今的经典照明手法。

理查德·凯利对建筑材料和构造的精深研究，对环境诗意的追求，以及对建筑采光和照明的深刻理解，使得他与建筑师们合作完成的作品成为建筑照明中的典范，如玻璃住宅、耶鲁大学美术馆、西格拉姆大厦、杜勒斯机场、耶鲁大学英国艺术中心等建筑中的照明设计。

下面以商店照明为例，解析 Erco（欧科）定性"照明三部曲"设计语法。

环境光——强调均匀的垂直照明、水平照明、货架商品照明和空间引导。

焦点光——强调商品、表皮、空间区域，在知觉中创建层次结构的重点光，吸引观察者注意力，显示商品细节和建筑元素。

装饰光——强调装饰、欣赏和审美，可以选用色光或装饰性灯具。

视觉心理学领域的成果对照明设计有着重要的影响，例如“完形理论”“图底关系”“边缘效应”“视觉恒常性”“错视现象”等知觉现象及其规律，都引起了照明设计师的关注，并尝试将相关的认识和理解应用于照明设计之中。

对于照明设计者来说，理解使用者对给定视觉刺激的感知，以及他们如何从环境中获得视觉意义是很重要的，掌握完形理论有助于设计者更好地引导和掌控使用者的实际感受和体验。

每个照明设计都包括一个灯具布置计划，它们被安置在天花板上、墙壁上、地板上，或悬浮于空间中……灯具的布置绝不是孤立的，而是按照一定的设计规则独立或成群组分布的，使得空间环境中的光分布形成一定的秩序，同时灯具本身也能更为有机地融入到整个空间形象的系统中去。

为了更直接地显示这一视觉原理在照明设计中的具体应用，下面特别选用了帕森斯设计学院(Parsons School of Design)的阿努·穆图苏夫拉梅丽亚(Anusha Muthusubramanian，音译)撰写的《照明设计中的完形理论》一文作为核心内容，在表述两者关系的同时，也对设计应用的关键点加以强调。

（三）阿努·穆图苏夫拉梅丽亚的完形理论

完形理论又称“格式塔理论”，是在20世纪二三十年代由德国心理学家提出，格式塔是德文“Gestalt”——“完形”的译音，“模式”“形状”“形式”之意，特指“动态的整体”。格式塔核心理论可以总结为“整体大于部分的总和”，主要用于揭示人在知觉环境所有的错综复杂和冗余时，会按照一定的形式把经验材料组织成有意义的整体，即在其中发现并确立秩序的原理。从视觉方面看，该理论描述了形象化属性如何决定人们感知的整体图形，也就是把视觉形式整合为更简单、规则的序列。创立和发展完形理论的核心人物包括苛勒、韦特海默和考夫卡。

1. 完形法则与视觉秩序

在做照明设计时，是如何使用完形法则强化视觉秩序和意义的呢？为了回答这个问题，下面着重针对以下五种完形法则的性质进行分析。

相近性法则：将距离相近的刺激分组在一起，成为整体。

相似性法则：将视觉上类似的刺激分为一组，可分为尺寸相似、形状相似、颜色相似和方向相似。

闭合性法则：闭合部分对于形状识别很重要，如利用亮度、对比度以及颜色等照明属性可以制造视觉焦点，焦点周围的空间要么巧妙渲染，要么故意留空。

连续性法则：感知趋向于保持平滑的连续性。

共同命运法则：方向有微小变化但被感知的视觉意义保持不变，主要用于动态照明里，需要做明显改变来创造不同的变体。

以上法则体现了感知意识简化并统一的趋势，即在形式的视觉重构过程中减少现象的复杂性，运用这些法则能够让设计师掌控观察者在看一个作品时所看到的图形。

2. 完形理论在照明设计中的应用

根据完形理论，照明设计中，在安装天花板、墙壁或者其他空间中的灯具时，我们要注意灯具的布置不是孤立存在的，而是按照完形法则以“群”的形式进行布置。这可以包括闭合布置、相邻成对布置、弧形布置、对称布置、等距布置、连续布置、几何形状布置以及同类型一致性布置等方式。通过这样的布置方式，我们可以在整体上影响人们对空间的感知，建立起空间的秩序。

灯具布置是个美学问题，对于灯具布置的总体效果可以遵循以下三条规律：

接近律——当一些灯具的位置非常接近时，人们在感觉上往往将它们看作一个整体。在实践中，设计人员经常采用这种方式，以简化布置。在这种情况下，灯具的形状应与空间中的其他构件（如顶棚、梁和柱子）以及家具的布局相协调。

相同律——人们可以立刻认出相同的形状或图案，并且理解成一个组——形状越是不相似，成组的概念越是清楚。这种现象还可推到其他方面，即灯具的颜色的相似性，甚至是光的出射表面的颜色、外观的相似性，都可理解为成组的。根据此规律可以知道，为了避免灯具布置的外观含糊不清或者混淆，应将可以辨认的组数尽可能地减少。

连续性——在有理智的眼睛看来，一个不完整的形体会被视为连续或完整的。而当这个形体以透视的方式观察时，则会进一步增强这种效果。在规则的网格形布置的灯具中，透视中产生的某种未预料到的对角线，这种对角线与人

韩国首尔广场的灯光小品，相同的形状形成一个组　（摄影：梁勇）

们熟悉的现象（即平行的一排排灯具，看起来在远处交汇在一点）相对抗……这意味着在实践中对于狭长的室内，最好是用正方形网格的灯具布置，因为这种布置造成的对角线的干扰较少。

在进行照明设计时，视觉组织的完形理论对建立空间美学秩序非常有用，它能帮助设计师想象并控制观察者的感知体验，控制视觉效果，实现规律性美感。

四、设计大师的诗意照明特点

（一）面出熏

面出熏（Kaoru Mende），一位出生于1950年的杰出照明设计师，他的学术和实践生涯皆在日本开始，最初在东京艺术大学的校园内，他专攻工业及环境设计，随后获得了学士和硕士的学位。他的学术成就和才华使他在照明设计界赢得了极高的声誉，并在日本建筑学会、日本设计委员会、北美照明工程学会，以及国际照明设计师协会中占据重要的地位。

面出熏的专业生涯不仅限于设计工作，他在教育领域也有所建树。他曾被邀请担任武藏野美术大学的客座教授，并在东京大学和东京艺术大学兼任讲师，用自己的专业知识和丰富经验启迪新一代的设计师。

1990 年，面出熏创立了自己的照明设计公司——Lighting Planners Associates（简称 LPA）。LPA 的服务领域涵盖了建筑照明和夜景照明规划等多个方面。他的照明设计在行业内获得了广泛认可，并为其赢得了许多国内外的照明设计大奖。

不仅在设计和教育领域有着丰富的成就，面出熏还投身于照明文化研究，并创立了名为“照明侦探团”的民间组织。作为执行团长，他定期组织和领导国际照明研究项目活动。他提出的城市照明设计的新理念，表达了他对未来照明需求的深度思考，并鼓励照明设计师从新的角度去审视和定义自己的专业角色。

面出薫在实践中形成了自己独特的建筑照明设计方法，确定了 LPA 建筑照明设计的 10 个理念：光是一种材料；灯具是一种工具；发光的应当是人和建筑；光的性质由空间定义；光创造出超越功能的气氛；照明将时间可视化；

深圳平安国际金融中心夜景 （来自摄图网）

连续的场景创造剧情；道法自然；照明设计必须时刻保证生态；设计照明等于设计阴影。

面出薰著名的照明设计代表作包括东京国际会议中心照明、仙台媒体中心照明、京都站大厦照明、六本木新城照明，以及新加坡市中心照明总规划等。

在以文化遗产度假类酒店项目的照明应用中，面出薰提出“5L”设计原则——“低照度”“低色温”“低位置”“低亮度”“低能耗”。本质上即源自与日本传统照明割舍不断的文化传承与弘扬，如日本传统建筑中作为“采光器”的日式拉门、将光反射进室内的白色鹅卵石和金屏风、发出柔光的AKARI纸灯笼等，都是日本传统用光的精髓，面出薰深谙此道。在光的品质控制上，他提出设计遵循的六个要点：合适的亮度创造惬意的暗；舒服的阴影制造戏剧化的场景；低色温更有利于烘托惬意中的奢华，高显色性是为了营造出最适合空间、建筑和人的健康光；无眩光是为了维护人视觉的舒适；光场景变化是为了让人清晰感受时间的流逝。无疑，正是面出薰独特的照明设计理念创造了其舒适华丽的体验。

六本木，位于东京港区的这一潮流之地，汇聚了高档住宅、现代办公楼、繁华商业设施以及别具一格的文化建筑。如何在夜晚准确呈现出这些不同功能区域的特色，营造出与日常完全不同的氛围，是照明设计师面临的挑战。

面出熏，作为此项目的主导设计师，基于六本木多元的功能特点，提出了“六点照明原则”，旨在实现精准而又协调的照明设计。

住宅区：这里的灯光强调家的温馨与亲切。暖色调的灯光与环境相融合，确保居民在夜晚同样感受到安全与宁静。

办公区：明亮且清晰的照明是这一区域的关键。强调工作效率与专业感，同时确保员工在晚间办公时的视觉舒适度。

休闲区：这里的灯光更多地强调娱乐和想象力。多彩、变幻的灯光效果，为市民和游客创造一个欢快和放松的环境。

文化区：照明设计旨在强调这一区域的原创性和前卫感。冷色调的灯光与现代艺术建筑交相辉映，突出文化与未来的结合。

整体协调：面出熏注重每一个功能区的照明与其他区域的协调，保证整个六本木在夜晚呈现出和谐统一又分明的夜景。

| 日本六本木不同的功能区的照明呈现不同的特色 （摄影：梁勇）

光品质的控制：不仅是色温、亮度的选择，还有对光的散射、反射和衰减的精细控制，确保每一束光都符合设计初衷，同时保障公众的视觉健康。面出熏运用“六点照明原则”为六本木这一特色鲜明的区域赋予了生命。他不仅仅是在夜晚为城市披上一层华丽的外衣，更是通过光，展现了城市文化与魅力的融合。

六点照明原则是：高显色性考虑的是带给人的舒适感；无眩光关照人的眼睛的舒适性；垂直面照明为了制造大面积的环境亮度氛围；低色温能够带来温馨、放松的感觉，吸引参观者；照明运行设计是为了制造不同的场景；舒适的阴影和暗可以形成光的节奏韵律，带给人戏剧化的感受。以上照明原则的“照明技术围绕着几个关键词展开：柔和的光线，照明美化，时尚的光线，随时间推移的光线，平日与节日的照明。暖黄色无眩光的 3000K 色温贯穿整个项目。将规划的重点放至低位置的照明效果上。”

（二）近田玲子

近田玲子（Reiko Chikada）1946 年生于日本埼玉县，1970 年毕业于东京艺术大学，是日本著名的照明设计师，1970—1986 年曾在石井幹子设计办公室从事照明设计工作。1986 年，近田玲子照明设计设计事务所成立。

近田玲子照明设计理念的重点在于：注重自然的感觉，关注人的情感。

近田玲子认为，在日文中，“景色”一词是从“气色”而来，因而在照明的景致中，一旦少了人的感觉，景致便不成立了。由于照明设计的根本存在于自然界的光之中，所以认识自然光变化带来的不同景致及其给人的印象非常重要。“风光”在俳句中是用来形容春天的季节性词语，表达了从阴霾密布的冬日到阳光灿烂的春天光的微妙变化，抒发了人们沐浴在明媚阳光下的兴奋心情。光对人们情感的触动正是照明设计的重点所在。

近田玲子对日本茶道中的照明实践充满敬意，她认为这是日本光文化中最具价值的组成部分。早在 16 世纪，茶道艺术的完善者千利休就提出了两种独特的光照方式，分别对应黎明的“阴”和黄昏的“阳”。千利休建议在黎明的茶道仪式中使用纸灯笼，这种光的表现形式暗含着“阴”的象征。而在黄昏时刻，用以象征“阳”的实体灯则被阴影部分遮挡，此时的茶道仪式主要使用的是油灯，物体的形状可以直接显现出来。

此种古老的照明设想，以现代照明术语来解释，可视为千利休在 500 年前便尝试根据一天中不同时间段的特点使用不同色温和类型的光源：当天色渐明时，采用白色的漫射光；当夜幕降临时，选择橙色的直射光。

对于近田玲子的照明设计理念，可以归纳为以下几点：

光与空间。光作为感知和塑造空间的重要线索，能引导观者产生丰富多样的感官体验。

照明设计的六个视角。涉及功能与设计、主张与陈述、个体与和谐、教育与娱乐、理智与情感、问题与解决等方面，提供了全面评估照明设计的方法。

悬疑小说的构建。近田玲子将照明设计视为悬疑小说的编织，通过光线将每个空间个性化，预设光的变化为接下来的空间埋下伏笔。观者则沿着光线在空间中移动，最终发现建筑中最关键的空间，体验揭秘的满足。

理解光影。近田玲子认为阴影是重要的元素，尽管阴影可能引发消极情绪，但同样，阴影也能赋予人或物特别的魅力。阴影微妙的变化会增加空间信息的层次。其次，“光”在日本文化中不仅象征着光明，还具有“有趣和突出的特

通过光与影的变换，人们可以感知物体的形状、材质、硬软 （摄影：安洋）

征”的意义。通过光与影的变换，人们可以感知物体的形状、材质、硬软，并理解更为抽象的概念，如新旧等。

节能与环保。日本文化强调人的精神追求，崇尚生活简朴，避免物质欲望的束缚，从而达到心灵的自由与宁静。因此，生态与环保的理念深入人心，对于全球环境与生态问题，这种文化资源可能是一种根本的解决方案。在照明设计中，近田玲子特别关注节能设计，她的设计理念与日本传统文化的环保理念相契合。

近田玲子的著名照明设计作品包括东京艺术剧场改造、九州国立博物馆、圣路加国际医院、金泽城公园、早稻田大学纪念礼堂改造、埼玉夜景改造等。

九州国立博物馆，这个项目照明设计的理念是“连接历史和未来，呈现光的时空旅行”。长廊设计象征着“时间旅行隧道”，以 LED 图案展现日本的自然美景，设定四套情境表现四季和各种天气状况，每套情境的调光编程各持续 60 秒。

金泽城公园，鉴于金泽市一向以静谧的日式街道和清丽的冬季雪景闻名于世，因此采用了“静光”的设计理念。项目照明的目标是：明确空间的历史感，让金泽城公园成为金泽市 450 年历史的标志；挖掘空间的个性，使周边石墙顶部生长的森林仍保持在黑暗处，以维持其健康的生态系统；营造视觉化的心理满足，用最少的光线表达城堡废墟的壮美。照明方法为：针对长 100m、高 70m 的木质建筑“菱槽”，分别采用超窄光束的气灯和金卤灯照射银色塔顶和窗扇，采用宽光束的金卤灯照射石墙；三层望塔“菱槽”是金泽城的标志，采用 7000K 氙气灯、3000K 陶瓷金卤灯分别照射正墙和侧墙，形成层次分明、整体连贯的夜间形象。

此外，金泽城公园还有季节主题性的照明设计，名为“光之卷轴”。在被称为“石墙博物馆”的御国温泉花园里，近田玲子为游客设计了享受日本美丽秋天的照明，每年从 9 月 1 日至 11 月底，自然的流转成为照明创作的主题——“秋天，日落与五颜六色的枫叶”和“收获的月亮，满月冲破云层”。近田玲子舞台照明的艺术修养功力在景观花园里的主题灯光秀上表现得游刃有余，使整个照明作品充满诗意。

（三）乌瑞卡·布兰迪

乌瑞卡·布兰迪（Ulrike Brandi）于 1957 年出生在德国汉堡，大学学习产品设计，涉足照明是从她的论文项目 “芭蕾舞学校和剧院的入口大厅照明设计”开始的。1986 年，她成立了自己的照明设计事务所，之后又建立照明学院兼办教育。1990 年，乌瑞卡·布兰迪在杜塞尔多夫应用科学大学担任讲师，1998—1999 年，在布蓝兹维艺术学院担任客座教授，2002 年，她在德国建筑博物馆筹划了“光与影”特展。乌瑞卡·布兰迪的照明设计哲学可以归纳为三个核心要素：城市照明规划、建筑照明，以及利用日光。

在城市照明规划中，乌瑞卡·布兰迪认为，照明设计不仅仅是对光的控制，而是通过对光的精细操控，展示城市的特点与美感。在她的规划设计中，首先

台北福荣大饭店的立面照明，简约现代 （摄影：梁勇）

进行城市结构的深度分析，研究城市特性（如各个功能区的特性），并据此明确重点建筑和主要道路。然后，利用光，提取、强化并展示这些特点，使得每个城市在夜晚都能展现其独特性。她采用视觉描述等方式表达设计方案，直观地呈现出城市夜晚的光环境。

在建筑照明设计中，她尊重并强调建筑自身的设计风格和性格，以及其内在的美感。对于传统建筑，她用光描绘出建筑的材质和细部，以展示其精致的艺术风格和历史底蕴。对于现代建筑，她则用光去刻画建筑的体量和构成，以凸显其简洁、现代的设计理念。

乌瑞卡·布兰迪还重视对日光的应用。在充分理解建筑内外空间特点的基础上，她巧妙地引入日光，为建筑内外空间营造丰富的光影效果。即使在没有日光的建筑内部空间，她也力求营造出接近日光的自然光效果，以增加空间的舒适度和生动性，同时，也尽可能提高照明的能源效率。在这个过程中，乌瑞卡·布兰迪不仅展示了照明设计的技术巧妙，也表现出其对生活质量和环境友好的深刻理解。

乌瑞卡·布兰迪照明设计事务所的设计作品包括：汉堡城市照明总体规划，不来梅市内城照明总体规划、汉堡市政厅立面照明、法国自然历史博物馆照明、伦敦大英博物馆照明、斯图加特新梅赛德斯－奔驰博物馆照明、阿姆斯特丹车站照明、德国慕尼黑机场照明、上海浦东机场二期照明等项目。

阿姆斯特丹中央火车站的照明　（摄影：梁勇）

不来梅市内城照明的总体规划，“该规划目标是强调不来梅市中心的建筑品质，确定焦点，明晰城市结构以及营造氛围。城市的面貌在一天 24 小时的过程中发生变化：例如在白天，秋天温暖、玫瑰色的阳光使外墙闪闪发光，和潮湿多雾季节的灰暗相比，晴朗的冬季令建筑物的外观更具特色。在晚上，这就是不同的光的叙事表现。窗户向外部发光，公共区域扩展到建筑内，照明广告相互竞争，街道和人行道的照明显示出城市的结构和方向”。乌瑞卡·布兰迪的照明总体规划，强调了不来梅市中心围绕市政厅、大教堂和圣母教堂的光环境品质，定义了重点空间，显示了结构并营造了氛围。不来梅市经过多年与建筑、环境、交通各部门之间的合作，逐步完成了总体规划，甚至带来了城市自身的照明文化的发展。

在照明总体规划平面图中，亮点表示灯具的位置，朝向街道或广场的建筑立面被照亮，特别重要的立面以红色线表示，通过这种可视化图示能够让总体规划原则一目了然。此外，道路关系和市中心令人印象深刻的历史建筑外立面也非常清晰地显示出来。

第五章　景观照明的诗意缺失

一、环境危机的挑战

（一）照明设计与环境的关系

照明设计作为一种人为创造的光环境，与环境具有密切的关系。环境可以指涵盖自然景观、城市空间和建筑环境的广泛领域，是人类生活、工作和娱乐的基础载体。借由灯光的妙用，照明设计可以改变环境的照明状态，塑造各种视觉效果，为人们提供视觉舒适和情感共鸣的体验。

照明设计在环境造型中的核心地位首先体现在其能够通过灯光的运用，创造出适应各种功能需求的视觉环境。例如，在办公室空间中，照明设计可以提供充足的照度，保证工作效率；在博物馆和展览馆中，照明设计可以通过光的强弱、颜色和方向等手段，突出展品的特点，增强空间的艺术感；在居住空间中，照明设计可以创造温馨舒适的氛围，提升居住者的生活品质。

然而，随着城市化进程的不断加速，能源消耗的增长也引发了对照明设计的质疑和挑战。现代照明设计面临的环境问题主要包括能源浪费、光污染以及生态破坏等。例如，过度的照明不仅造成能源的大量浪费，而且可能引发光污染，干扰人类和动物的生物钟，破坏生态平衡。此外，照明设备的生产和处置过程也可能对环境造成负面影响，如资源消耗、污染排放等。

因此，面对环境危机的挑战，照明设计不仅需要满足视觉和审美的需求，更需要考虑到环境和资源的约束，尽可能地实现能源效率的最大化、光污染的最小化，以及设备生命周期内环境影响的最小化。这需要照明设计师具有跨学科的知识和技能，对环境、能源和材料等领域有深入的理解和敏感的洞察力，才能在设计实践中找到恰当的平衡，实现真正的环保和可持续性照明设计。

芬兰拉努阿野生动物园路边的一个照明小品装置 （摄影：梁勇）

（二）能源浪费的挑战

照明设计在其应用过程中，确实对能源的需求巨大，特别是依赖传统照明设备如白炽灯和荧光灯的情况下，这一问题更为突出。这类传统照明设备因其能源效率低下，导致了严重的能源浪费。能源浪费的后果非常严重，不仅可能加剧能源资源的枯竭，提高能源成本，而且会对环境带来无法忽视的负面影响，如加剧全球气候变化等。

对此，照明设计师需要在设计过程中充分考虑能源利用效率。这包括采用节能的灯具和照明设备，比如 LED 灯，其能效高，使用寿命长，具有显著的节能效果。另外，利用现代的照明技术，如光感应、定时控制等智能照明控制系统，可以根据环境光线、使用需求等实时调整照明设备的工作状态，从而实现精细化、个性化的照明控制，最大程度地减少能源浪费。

而在全球范围内，由于电力生成主要依赖燃煤和燃气等化石燃料，照明能源的浪费意味着大量碳排放，加剧了全球变暖。因此，照明设计师在设计中也需要考虑减少碳排放的问题。除了采用节能灯具和智能控制系统外，也可以通过照明设计的整体策略，如合理规划照明分布、优化照明时间、利用自然光等方法，实现照明能源的有效管理，降低碳排放。

总的来说，照明设计师需要结合节能照明设备、智能控制系统及优化的设计策略，全面考虑和解决照明设计中的能源浪费问题，实现照明能源的有效利用和管理。这对于降低能源成本、减少碳排放、保护环境，都具有重要的意义。

芬兰拉努阿野生动物园的照明以功能性为主　（摄影：梁勇）

（三）光污染的挑战

光污染是指由于过度照明和不合理的照明设计导致的光线过度扩散和漏光现象。由于照明过度或设计不当导致的光线过度扩散和漏光现象，正在引发一系列严重问题。其影响并不仅限于对人类的生活和健康的影响，同时也对生态环境以及野生生物造成了巨大的影响。对于照明设计师来说，有必要认识到光污染的严重性，并在设计过程中实施有效的解决策略。

人类受到光污染的影响主要表现为视觉舒适度下降和生物钟混乱。过度的夜间照明可能导致视网膜疲劳，甚至长期下来可能诱发各种视觉疾病。而且，不适当的照明也会干扰人的生物钟，导致睡眠质量下降，长期而言会对人的健康产生负面影响。

而对于生态环境和野生生物，光污染的影响更为深远。例如，过度的夜间照明可能干扰到野生动物的生活习性，如影响鸟类的迁徙路线、干扰昆虫的生命周期等。比如，海滩上的人工照明可能影响海龟的孵化，造成生物多样性的减少。

因此，照明设计师需要积极关注光污染问题，采取合理的照明布局和控制手段，以降低光污染的程度。具体来说，通过控制照明的方向，避免光线向天空或不需要照明的区域散射。此外，可以通过调整照明强度，避免过度照明。在某些特殊环境中，还可以考虑采用红光或其他对生态影响较小的照明源。同时，利用智能照明控制系统，可以实现照明的精细化管理，如定时关闭、感应调节等，从而避免不必要的光线漏散。

总的来说，解决光污染问题需要照明设计师在设计过程中全面考虑，采用适当的设备和策略，以实现人类的照明需求，同时最大程度地减少对环境和生态的影响。

（四）生态破坏的挑战

实践中的照明设计往往伴随着对自然环境的改造以及对照明设施的部署。但若照明设计和施工的过程缺乏合理性，往往会导致对自然环境以及生态系统的破坏。过度的照明或光线的过度扩散可能会干扰野生动植物的迁徙行为和繁衍周期，这也进一步打破了生态系统的稳定平衡。因此，照明设计师在设计和执行的过程中，必须充分考虑生态保护以及环境的可持续性，采用生态友好的照明设备和材料，以尽可能减少对自然环境的破坏。

当我们更深入地考虑这个问题时，会发现光污染对生态环境的影响并非仅限于上述所说。例如，过度的夜间照明会导致天空亮度的增加，进而干扰天文观测，影响科研工作的进行。此外，对海洋生物来说，海滩的夜间照明可能会影响海龟等生物的繁殖行为。更甚者，光污染可能还会导致生物多样性的下降。

对于照明设计师来说，需要在设计中满足人类生活的照明需求，同时考虑到对生态环境的影响。具体的解决措施可能包括选择具有更低能耗、更少光污染的照明设备，如 LED 灯具。此外，他们还可以采用适当的照明设计策略，例如，优化照明设备的布局和方向，减少光线向不需要照明的区域，特别是天空的散射。在施工过程中，采用对环境影响较小的施工方法和材料，尽可能减少对环境的破坏。

江西婺源一景区在河道里设置了上千个水下灯，对环境的生态存在一定的影响 （摄影：梁勇）

同时，设计师还需要在设计过程中，结合环境因素，灵活运用各种现代智能照明技术，如动态照明控制系统，以实现精细化和个性化的照明控制，降低光污染。例如，根据环境光线、使用需求、时间等因素，动态调整照明设备的亮度和工作状态，避免过度照明。

在考虑到人类需求的同时，积极地采取措施减少对自然环境和生态的影响，我们才能实现照明设计的环保和可持续发展。因此，生态保护和环境可持续性必须是照明设计师在设计和实施过程中的重要考虑因素。

总的来说，只有照明设计师积极地采取环保和可持续的设计措施，才能有效地降低照明的环境影响，为环保做出实质性的贡献，从而推动整个照明设计领域的可持续发展和环保意识的提升。

二、人文困境的迷茫

（一）诗意照明设计与人文的关系

诗意照明设计，作为一门富有艺术性的创作活动，与人文学科有着深厚的联系。人文学科，是指围绕人类社会、文化、价值观以及社会风俗习惯等进行研究的领域，其内容覆盖了历史、哲学、艺术和社会科学等。设计师通过精巧地运用灯光，有能力创造出丰富的光影效果和视觉体验，从而将人文内涵和情感共鸣融入照明环境之中。

令人遗憾的是，在现行的很多照明设计实践中，人文元素常常被忽视或仅被赋予较少的重视。设计过程中的这种人文因素的忽视，往往会导致照明设计失去其诗意和情感，让人在享受照明环境的同时感到一种文化和情感的缺失。

现代中国的社会状况独特且复杂，其“人文困境”相比其他地区呈现出更为严重的状况。中国的现代工业和科学技术大多源自西方，对于现代化发展与建设模式的追求也以西方为榜样。随着社会的剧烈转型，出现了文化断层和价值观的混乱，旧有的社会结构和角色认知受到了严重冲击，人文伦理相较于工具和功利被相对边缘化。这些元素相互交织，使得中国社会的“人文困境”问题更为尖锐和复杂。

城市规划建设领域就是这种人文困境具体表现的领域之一。在飞速发展的现代化进程中，中国的城市面貌发生了剧变。但是，这种变化并非全是积极的。城市的快速、盲目扩张和无处不在的建设热潮，不仅改变了自然地理的肌理，打破了人与土地之间的亲密关系，同时也大规模地破坏了旧有的社区和聚落。在这一过程中，居民的集体记忆被割裂，文明传统被隔断，城市变得冷淡、疏离，面对未来显得茫然无措。

在这样的情境下，我们看到的往往是对已有模式的盲目模仿，和对新旧价值观的冲突。为了快速发展，许多城市在照明规划设计中选择低效的模仿和克隆，而忽视了本地文化和历史传统的保护和传承。结果，这些城市在经过一轮快速的规划和建设之后，反而成了一个扭曲、冷漠的城市。

这些都是现代中国面临的“人文困境”的重要表现。为了解决这一困境，我们需要重新审视我们的城市照明规划建设方式，要更加注重文化传承和价值观的建设，避免过度模仿和盲目扩张，打造出既具有现代化特征，又富有人文关怀的城市夜景空间。

当我们谈到照明设计的人文属性时，我们是在讨论如何在设计中反映人类社会的复杂性和多样性，以及人类对美的独特追求。例如，照明设计可以借鉴历史文化，引用具有代表性的历史事件或符号，或者通过对不同文化的尊重和理解，反映出多元文化的价值。此外，照明设计还可以通过对哲学思想的借鉴，实现光与影、明与暗的哲学思考，创造出具有深度和内涵的照明环境。

照明设计还可以结合艺术，利用光影效果创造出如同画布一样的视觉体验，带给人们艺术的享受。同时，通过与社会科学的交融，照明设计可以反映出社会的发展和变化，以及人们对生活质量的追求和向往。

因此，为了使照明设计更具人文情感和诗意，设计师们必须对人文学科有所了解和研究，将人文因素纳入到照明设计的考量之中。设计师不仅需要掌握照明技术，更需要具备丰富的人文知识，通过理解和尊重人的文化、价值观和情感需求，创造出真正符合人性的照明环境。这样，照明设计不仅能满足人们的照明需求，更能带给人们美的享受和情感的共鸣，实现照明设计的人文追求。

（二）诗意照明设计的功能性偏重

当前照明设计的实践往往深受功能性理念的影响，过度地将重心放在满足光照需求以及能效要求上，而往往忽略了人文因素的引入。这种过于偏重功能性的设计思维，往往造成了照明设计的单一化，以及对情感表达的缺乏。

照明设计的功能性需求无疑重要，包括确保空间有足够的照度、考虑视觉舒适度、避免眩光等都是基本要求，这也直接关联到能效要求，也就是照明系统能量的有效使用。然而，过度地聚焦在功能性需求上，可能会导致对人文因素的忽视，从而使照明设计缺乏多样性和深度。

人文因素在照明设计中的重要性不容忽视。设计师需要关注和理解用户的需求、习惯以及他们所处的社会文化背景，这样的设计方能真正贴近人性，提供真正适合用户的照明环境。例如，不同文化背景下的人对于光的理解和接受程度可能存在差异，这在设计时都应得到充分的考虑。

在此之上，我们必须明确，照明设计的目标不仅仅是提供充足和高效的光源，更重要的是，它能够创造出一种富有人文内涵和情感共鸣的照明环境。设计师应以光作为媒介，创造出能够唤醒人们情感、带来美的享受和灵感启迪的光环境。

因此，重新审视和调整照明设计的理念变得尤为重要。设计师需要更深入地理解人的需求和情感，从而使照明设计超越其基本的功能性需求，真正融入人文因素，提供具有情感共鸣和美的享受的光环境。这样的照明设计，才能真正达到其潜在的价值，使人们在光的照射下感受到的不仅是视觉的舒适，更是灵感的启迪和情感的共鸣。

（三）人文符号的缺失

照明设计中对人文符号的运用不足，引发了照明环境独特文化特色和艺术表达力的匮乏。人文符号，一种蕴含着特定文化和历史内涵的符号和象征，比如传统建筑的灯饰、文化节日的照明装饰等，都是人文符号在实际生活中的体现。通过将这些人文符号纳入照明设计的考量中，我们便有可能创造出具有鲜明地域文化特征和艺术价值的照明环境。

人文符号的引入，实际上是通过设计将人的文化历史记忆融入光影中。比如，某一地的特殊建筑，其特定的灯饰设计或照明氛围，都可能成为该地独有的人文符号，而这正是设计师们需要敏感捕捉和利用的元素。设计师们需要通过深入研究当地的文化和历史，来理解和掌握这些人文符号，进而将其巧妙地运用到照明设计之中。

然而，照明设计中对人文符号的引入并不仅仅是简单的复制或移植。设计

浙江海宁洛塘河两侧的古建筑照明，将本地的花灯元素运用到景观照明之中，具有明显的地域特色

（摄影：梁勇）

师需要对这些人文符号进行深度的理解和解读，找出其背后所蕴含的文化和历史意义，再结合现代设计理念和技术，赋予这些符号新的形式和含义。这种设计方法将人文符号转化为独特的光影语言，为照明环境增添了更深的文化内涵和艺术价值。

对人文符号的深度挖掘和应用，将有助于我们创造出既有历史底蕴，又具有现代审美的照明环境。这样的照明环境不仅具有艺术的魅力，更具有文化的内涵，能够让人们在光影中感受到历史的流淌和文化的传承。因此，对于照明设计师来说，理解并运用人文符号，是他们实现照明设计艺术化和人文化的重要手段。

（四）诗意照明设计的审美追求

在照明设计的实践中，设计师常常倾向于追求技术创新和审美效果的提升，但这往往忽视了人文情感的表达和审美体验的共鸣。照明设计并非仅仅是技术性的实施，更显现出艺术创作的特性，以灯光的艺术化处理和情感表达为手段，激发出人们在照明环境中的美的享受和情感共鸣。

“融光绘 · 南京”的活动中，一个作为一种情感表达的灯光装置　（摄影：安洋）

照明设计的审美追求应该是全面的，不仅包括视觉美学，也需要包含人文情感的表达。在现代设计实践中，照明设计师往往在追求光效、结构和技术创新方面做出了许多勇敢的尝试，例如通过对光源、材质和光色的控制，创造出各种独特的照明效果。然而，对于人文情感的表达和审美体验的共鸣，尤其是对于光如何引发人们情感共鸣的理解和应用，则往往被忽视。

实际上，照明设计既是一种技术活动，也是一种艺术创作。设计师应当通过深入研究光的物理特性和人的视觉心理，掌握光如何影响人们的情感和感知。这就需要设计师具备深厚的艺术素养和人文素养，通过灵活运用照明的技术和艺术手法，创造出能触动人心、引发情感共鸣的照明环境。

照明设计的核心在于通过灯光的艺术化处理和情感表达，使人们在照明环境中感受到美的享受和情感的激发。通过理解人类对光的感知和情感反应，设计师可以更好地构建起光与人之间的交互，创造出既符合功能需求，又富有情感体验的照明环境。这种追求不仅能够提升人们的生活质量，也能够使照明设计的价值得到充分的体现。

（五）人文关怀的重要性

在诗意照明设计领域，设计师对人文关怀的重视不可或缺，人的需求和情感体验必须是设计的核心。人文关怀的概念涵盖了对人的健康、舒适度和幸福感的关注，同时也尊重社会文化和历史传承。设计师需要通过对人的行为和感知的研究，结合照明技术和艺术手法，来创造出富有人文关怀的照明环境，从而让人们在光线的照射下感受到舒适和幸福。

人文关怀在诗意照明设计中的应用，不仅涉及对用户的生理需求的满足，更重要的是要寻求如何满足用户的心理需求，即对光线环境的感知和情感体验。设计师需要理解光如何影响人的情绪和行为，如何改变人的生活体验，以及如何通过照明设计来提高人们的生活质量。这就要求设计师不仅要具备光学和设计的专业知识，还需要深入了解人的心理和行为学，从而在设计中实现人与光环境的和谐共生。

此外，人文关怀还包括对社会文化和历史传承的尊重。设计师需要通过对当地的文化和历史的研究，掌握当地的人文符号和历史记忆，将这些元素融入照明设计中。这样，设计出的照明环境不仅具有功能性，也能够展现出独特的文化韵味，体现出地域性和历史性。

人文关怀的诗意照明设计是一种全面的设计理念，它强调以人为本，尊重人的需求和感知，同时又富有文化和历史的内涵。这种设计理念将照明设计提升到一个新的层次，使其不仅能够满足人的基本生活需求，也能够为人们提供丰富的感官体验，带给人们舒适和幸福的生活感受。

（六）诗意照明设计中的人文导向

为了解决人文困境的迷茫，设计师需要转变设计思路，注重人文因素的考量和表达。照明设计师应积极与景观设计师、建筑师和艺术家等多学科团队合作，共同探索和实践人文导向的照明设计。通过深入研究人文因素和文化内涵，结合照明技术和艺术手法，创造出具有人文内涵和情感共鸣的照明环境。照明设计师还应加强与人文学科的交流和合作，提升自身的人文素养和审美能力，推动照明设计领域的人文关怀和审美追求。通过人文导向的照明设计实践，为城市景观的提升和人们的精神文明建设做出积极贡献。

三、诗之国度的文化唤醒

中国曾经是一个被称为诗的国度，这一观念深入人们的文化意识中。在中国文化历史的长河中，我们可以找到一个万变不离其宗的情感线索，即诗文化。中国诗歌源远流长，蕴含着丰富而精深的内涵。从古代的《诗经》和《楚辞》，延续到汉代的乐府辞赋以及魏晋南北朝的民歌与骈语，再经过唐诗、宋词、元曲，一直到明清两代诗词歌赋的全面繁荣，诗文化成了中国文化的基本特征。

西方学者艾略特曾经说过，“诗歌代表一个民族最精细的感受和智慧”。而我们正是从中国千古流传下来的诗歌中看到了国人表达出的独特的诗性智慧，以及他们对诗学意境的追求。这种智慧和审美品格也渗透到了建筑、园林、城镇等人类生活环境的各个层面。几千年来，诗歌创造了精神文明最璀璨夺目的辉煌，它使中国人精神焕发，思想生动而富有灵性，触觉精细而敏感，追求高远而深邃的精神家园和高雅而纯美的生活境界，将人生的价值与审美的价值结合。

如今，这些卓越的诗学文化再次唤醒了我们沉睡已久、有些麻木的心灵。当我们在当代规划设计中提倡人与自然和谐共生的诗意栖居，并倡导规划设计具有中国文化特色时，为什么不从这些充满感悟和思考的华夏诗歌中寻找我们文化底蕴的源泉呢？为什么不从这些俯拾皆是各种精妙想法的华夏诗歌中重塑当代最具活力的文化精神呢？通过汲取这些丰富思想和独特灵感的诗歌，我们可以在规划设计中凸显出独特的中国文化特色，赋予城市更多的活力和灵气。

（一）光与文化的交融

照明设计作为一种艺术性的创作活动，具有与文化紧密交融的潜力。光作为照明设计的核心元素，可以通过灯光的形式、色彩和运动等方式，传递特定文化背景下的意象和象征。光的运用能够唤起人们对文化的认同感和情感共鸣，使照明环境成为文化的载体和表达方式。

（二）文化符号的运用

在照明设计中，文化符号的运用是实现诗意唤醒的重要手段。文化符号是指具有特定文化内涵和象征意义的符号和图像，如传统文化的图案、民俗节日的象征物等。照明设计师应通过对当地文化的深入研究，将文化符号融入照明设计中，创造出具有独特文化韵味和诗意的照明环境。通过文化符号的运用，

浙江西施故里，通过文化符号的导向，强调对文化的认同感，创造出诗意的夜环境（摄影：梁勇）

照明设计能够激发人们对文化的认同感和情感共鸣，实现对诗意的唤醒。

（三）照明设计的文化创新

照明设计师应积极探索和实践照明设计的文化创新，通过将当代艺术和科技手段融入照明设计中，创造出具有独特文化内涵和审美价值的照明环境。文化创新需要照明设计师具备对当代艺术和科技的深入了解和应用能力，以及对文化传承和创新的敏感度和创造力。通过文化创新的照明设计实践，能够唤醒人们对文化的兴趣和热爱，推动文化的传承和创新。

（四）照明设计的情感表达

照明设计师应注重情感表达，通过灯光的形式、色彩和运动等方式，创造出具有情感共鸣的照明环境。情感表达是通过照明设计唤起人们内心情感的一种手段，能够使人们在照明环境中感受到美的享受和情感的激发。照明设计师需要通过对人的情感和感知的研究，结合照明技术和艺术手法，创造出具有情感共鸣的照明环境，使人们在光的照射下产生深层次的情感体验。

（五）照明设计的文化传承

照明设计师应重视文化教育的作用，通过对文化的传承和教育，培养人们对文化的认同感和情感共鸣。文化教育可以通过照明设计的展示和解读，向公众传递文化的价值和意义，引导人们对文化的理解和关注。照明设计师可以通过与文化教育机构的合作，开展文化教育项目，将照明设计与文化教育结合，为人们提供具有文化内涵和诗意的照明体验。

（六）照明设计的文化唤醒

在面对人文困境的迷茫时，照明设计师应当转变设计思路，从人文角度出发，注重对人文因素的考量和表达。为了实现这一目标，照明设计师需要积极地与多学科团队，包括景观设计师、建筑师以及艺术家等合作，共同致力于探索和实践人文导向的照明设计。这不仅需要对人文因素和文化内涵进行深入的研究，更需要通过将照明技术和艺术手法结合，创造出具有人文内涵和情感共鸣的照明环境。

在这个过程中，设计师需要强化对人文学科的理解，与人文学科有着紧密的交流和合作，以此提升自身的人文素养和审美能力。这不仅能加深对照明设计的理解和运用，也将有助于推动照明设计领域的人文关怀和审美追求。理解和运用人文学科的知识，能够帮助设计师从用户的视角去思考问题，更好地理解和满足人们对照明环境的需求和期望。

人文导向的照明设计实践不仅可以为城市景观整体水平的提升做出贡献，也对人们的精神文明建设具有积极的影响。通过创造富有人文内涵和情感共鸣的照明环境，照明设计师可以为公众创造出更加舒适、愉悦的生活空间，提升公众的生活质量。同时，这也能弘扬社会主义核心价值观，传播优秀传统文化，为社会主义精神文明建设添砖加瓦。

“融光绘 · 南京”的活动中，照明通过人文导向，创造出更有诗意的夜环境 （摄影：安洋）

总而言之，人文导向的照明设计实践是对照明设计师自身素养、技能以及设计理念的全方位提升，是对照明设计领域人文关怀和审美追求的深化。这种设计实践能够深化人们对环境的理解，丰富人们的生活体验，也对社会文明的进步和发展产生积极影响。

四、诗意栖息的哲学思想的启发

“……人诗意地栖居在这片大地上”——这是德国诗人荷尔德林的诗句。

在他的诗作中，有一个著名的主题是“上帝的缺席”和人类对于“失乐园”的记忆。在现代社会，在唯利是图和技术至上的情况下，人们失去了与世界、自然和历史的联系，变得无处可归，只能在记忆中寻求精神上的家园和乐园，由此发出“诗意栖居”的吟唱向往。

在中国文化语境中，虽然“诗意栖居”这一哲学思想在表述上不可避免地带有两种文化的烙印，但其关键思想与古老的东方文化智慧不谋而合。这说明“诗意栖居”思想所追求的价值体系体现了人类历史的持续性和带有本体论意义的深度。这表明“诗意”的生活理念实际上是人类共同而相通的文化追求。

（一）哲学思想与照明设计

照明设计，作为融科学与艺术为一体的学科，可以从哲学思想中获得极大的启示和灵感。哲学，作为一种探寻人类存在本质、意义及价值的思维方式，旨在理解和解释人与自然、人与社会的复杂关系。照明设计师对于哲学思想的理解和运用，将极大地丰富他们在设计过程中的思考深度和广度，进而设计出更富诗意和栖息感的照明环境。

英国伦敦 Thistle Charing Cross 酒店的雕塑照明，吸引了游客的目光　（摄影：梁勇）

哲学思想对于照明设计的启发主要体现在几个方面。首先，哲学关注的核心之一是人类的存在状态，这使得设计师可以从更深层次理解和关注用户的需求，从而设计出更具人性化和适应性的照明环境。其次，哲学的思考方式可以帮助设计师超越现象，抵达本质，理解光的本质属性以及其对人的感知和反应，从而在设计中实现更好的照明效果。此外，哲学对人与自然、人与社会关系的探讨，也能启示设计师如何在照明设计中实现人与环境的和谐共生，创造出既美观又环保的照明设计。

而在实践过程中，设计师可以通过对哲学思想的研究，将其转化为具体的设计方法和原则。例如，对存在主义思想的理解可以引导设计师关注每一个用户的独特性，尊重个体差异，从而设计出既符合大众需求又体现个人特色的照明环境；对自然主义思想的理解，则可以引导设计师关注自然光的利用，创造出既节能又舒适的照明环境。

总的来说，哲学思想对于照明设计的启发和指导是无可替代的。它能够帮助设计师跳出现有的设计框架，从更高、更深的角度理解和审视照明设计，从而创造出具有深刻意义和高度艺术性的照明环境。

（二）照明设计与存在主义

存在主义，作为一种重要的哲学思想流派，旨在探寻个体的自由、责任以及存在的意义。在照明设计领域，存在主义的理念为设计师提供了一种全新的视角，引导他们思考照明环境对人的存在感和体验感的影响。

照明设计师可以从存在主义的角度，重新审视光与空间的关系，探寻光如何影响和塑造人的存在感。他们需要去理解，光不仅仅是一种物理现象，也是一种影响人类行为和心理状态的重要因素。光线的强度、颜色、方向、分布以及变化都能够对人的感知和情绪产生深远的影响。在这个意义上，光可以被视为一种有力的工具，帮助人们体验和理解他们自己的存在。

从存在主义的角度出发，设计师可以通过光的独特运用，创造出一个可以触动人们内心、唤起他们对自由和责任乃至存在意义的思考的照明环境。例如，设计师可能会选择使用柔和而暗淡的光线，创造出一种静谧而内向的氛围，引发人们对生活、生存与自我价值的深度思考。反之，他们也可能通过强烈而明亮的光线，创造出一种开放而活跃的环境，激发人们对未来、变革和自我挑战的思考。

设计师的挑战在于，如何通过光的设计，将存在主义的理念具体化，使照明环境成为人们感知自由、承担责任和探索存在意义的平台。这要求设计师具有庞大的人文素养，以理解并尊重每个个体的独特性和差异性；也要求设计师有庞大的科学知识储备，以掌握光的物理性质和生理效应，创造出既符合科学原理又富有人文气息的照明环境。

存在主义对照明设计提供了一种深刻而富有挑战性的理念。它引导设计师从人的存在和体验出发，通过光的艺术运用，创造出能够唤起人们对存在的思考和体验的照明环境，使人们在其中感受到存在的自由和责任。

（三）照明设计与形而上学

形而上学，作为哲学的重要分支，对超越物质世界的存在和本质进行深入探讨。在照明设计的语境中，形而上学的思想提供了一个独特的视角，使设计师得以思考光的存在和本质，将光的形式、色彩、运动等特性创新性地运用在设计过程中，从而创造出不仅满足物质需求，更具有超越物质世界的诗意和栖

上海迪士尼度假区的低色温环境，创造出的温馨的夜景氛围　（摄影：梁勇）

息之感的照明环境。

对于照明设计师来说,形而上学的思维方式使他们能够超越光的物理属性,深入到光的精神和意识层面。他们理解光不仅仅是照亮物质世界的工具，更是一种能够引发人们对存在的深度思考、触动人们心灵的媒介。因此，设计师在设计中会尝试通过对光的色彩、强度、方向、变化等特性的灵活运用，让光成为一种独立的存在，充满神秘感和深度。

例如，设计师可能会通过调整光线的温度和色彩，创造出不同的氛围和情感，如温暖的光线可能唤起人们的舒适和亲近感，而冷色的光线可能引发人们的思考和探索欲望。同时，通过对光线的运动和变化的设计，设计师可以让光线自身成为一个独立的存在，引导人们去观察、体验和思考光的神秘和存在的深度。

形而上学的思想还引导设计师思考光与空间的关系，以及光如何塑造和定义空间。设计师会通过对光与阴影的设计，使光与空间相互作用，互相定义，创造出一种超越物质感知的空间体验。例如，通过精心设计的光与阴影，可以

上海迪士尼度假区的主城堡照明，迎合了儿童的视觉心理 （摄影：梁勇）

使一个普通的空间产生深度和层次，甚至赋予空间一种超越物质的存在感。

形而上学的思想为照明设计提供了一个独特的视角和丰富的灵感。它鼓励设计师超越物质，深入探索光的存在和本质，通过对光的理解和运用，创造出具有诗意栖息之感的照明环境，使人们能够在其中感受到光的神秘和存在的深度。

（四）照明设计与美学概论

美学，作为探讨审美和艺术的哲学学科，研究美的本质和价值。当这一理念应用到照明设计中时，美学不仅为设计师提供了审美准则，也产生了他们以光为媒介，创造出具有诗意和美感的环境的可能性。

照明设计师在构建光环境时，应该深入理解美学原理和审美观念，以此指导他们对光的形式、色彩和运动等方面的把握。光，这种无形中具有实质性质的存在，可以通过其亮度、色温、分布和变化，产生各种各样的视觉效果和情感反应。因此，设计师必须充分理解光的这些属性如何影响人们的感知，并利用这种理解，创造出能够引发强烈审美体验的照明环境。

例如，设计师可能会通过操控光的强度和方向，创造出强烈的对比效果，以强调空间的结构和形态，产生动态的、富有戏剧性的效果。此外，设计师也可以通过对光线色彩的细致调整，营造出不同的氛围，如暖色调的光可以创造舒适、温馨的环境，而冷色调的光则可以产生清新、冷静的氛围。这些都是将美学原理应用到照明设计的实例。

美学的思想不仅可以指导设计师在照明设计中实现视觉上的美感，更可以帮助他们塑造出能引发人们深层次思考和情感反应的照明环境。这种环境不仅使人能感到美的享受，而且能够启迪人们的审美意识，使他们在感知和理解美的过程中，提升自我。

在总体上，美学在照明设计中的应用并不仅仅局限于对视觉美感的追求。它更是一种引导设计师通过对光的形式、色彩和运动等方面的精确把握，结合美学原理和审美观念，创造出具有艺术性和美感的照明环境的理念，使人们在其中能够感受到美的享受和对审美的启迪。

第六章　诗意照明的实践应用

一、建筑物的诗意照明设计

在建筑艺术的传承与创新上，著名建筑学者梁思成提出了一种划时代的思考模式。他将建筑风格细致地分类为四种不同的趋势，即“西而古”“西而新”“中而古”“中而新”。在他的理论框架中，他个人更倾向于支持“中而新”这一概念。这是从一个更广阔的视角——民族文化的传承与现代社会的发展需要——提出的。在当下的建筑中，“新中式”应该大体上可以归入梁先生所倡导的“中而新”这一范畴。

中国传统的院落住宅，显然面临着在现代社会中逐渐消逝的命运。这些住宅依附于过去的技术、经济和文化历史条件，是我们这块古老土地上的产物。然而，随着西方的钢筋水泥技术的引入以及人们文化审美意识的转变，这些传统住宅开始展现出衰落的趋势。不过，我们不应忽视的是，中国的传统民居在其所在环境中表现出的自然、优美、素雅、宁静的意蕴仍然在我们心底深处积淀着，无声无息地影响着我们的传统美学观念，并带给我们一种充满中国文化和地方文脉内涵的诗意的栖居体验。

当我们如今面对“新中式”的建筑时，一种景墙、深院、青砖、灰瓦的居住体验与渴望在我们的记忆当中被唤醒。这种建筑风格，将传统元素和现代审美结合，成了一种对中国传统院落住宅的重构和升华。它们在满足现代生活需求的同时，又不失去对传统文化的敬畏和尊重。而这种尊重和敬畏，不仅仅体现在建筑形态和构造上，更深入到每一块青砖、每一片灰瓦、每一个院落和每一道景墙中。

| 浙江义乌老街，传统的建筑元素，通过照明进行强调　（摄影：安洋）

这种“新中式”建筑的照明设计，强调在传承传统与引领现代之间找到一个平衡，赋予了它独特的现代审美价值。一方面，照明设计师们在深入研究传统文化、理解传统美学的基础上，通过现代手法提炼、转化传统元素，使其既不失去古朴典雅的韵味，又能满足现代生活的需要。另一方面，他们通过对材质、色彩、空间、光影的巧妙运用，将建筑与自然环境和谐地结合起来，让居住者在享受现代生活便利的同时，也能深深感受到传统文化的魅力。

“新中式”住宅的出现，既是对中国传统建筑文化的一种延续和发展，又是对现代居住需求的一种适应和创新，它为我们展现了一种既典雅又现代，既传统又前卫的新型居住体验，引发了我们对于传统与现代、历史与现实交织中的生活方式的深入思考。

（一）人居环境的改善与进步

人居环境的改善与进步是一项涉及多学科、多领域的复杂工程，它以提高人类生活质量为核心目标，结合社会经济、科技、文化、环境等因素，致力于优化生活环境的物理条件，提升环境的美学价值，营造健康、舒适、可持续的居住环境。

在景观照明设计中，人居环境的改善与进步体现为对光环境的合理规划和高效利用。作为照明设计师，需要深入理解光的物理性质和心理影响，掌握光与空间、色彩、材质的相互关系，精准把握光的方向、强度、色温等参数，以实现空间的功能需求，营造出良好的光氛围。

人居环境的改善与进步还涉及对人类行为和生活方式的引导和塑造。在照明设计中，可以通过光的引导，提升空间的可用性和互动性，促进人们的参与和身心健康。可以通过光的故事，传达地方文化、历史记忆，提升人们的地方认同感和文化自豪感。

在实现人居环境改善与进步的过程中，可以利用高科技工具，对空间使用者的行为、需求进行精准分析和预测，提升设计的科学性和效果性。通过智能化的照明控制系统，实现光效的动态调整和个性化设置，提升空间的智能性和体验性。

总的来说，人居环境的改善与进步是一个持续的过程，需要全社会的参与

浙江省安吉县天荒坪镇余村，就地取材，利用传统的建材元素来装饰照明，传达地方特色

（摄影：安洋）

和努力。作为照明设计师，需要有足够的专业知识、技术实力、社会责任感和创新精神，结合具体的环境条件和用户需求，进行综合考虑，科学决策，以期实现光环境的优化、人居环境的改善、社会生活的进步。

（二）建筑物诗意照明的手法

在建筑领域中，外部照明设计是塑造建筑夜间形象的重要组成部分，其所展现的丰富视觉效果能吸引并留住消费者的注意力。在设计过程中，突显原始建筑的风格和形状特性是至关重要的。设计师可以运用先进的照明技术和设计理念，采用多种策略和方法，以光照技术作为语言来表达建筑的含义，从而创造出具有独特识别性的建筑象征。

根据建筑的不同类型和建筑材料的特性，应采用不同的照明方法和手段。通常情况下，商业建筑在夜间的照明设计主要包括泛光照明、轮廓照明、内透光照明、多元空间立体照明、剪影照明、层叠照明和月光照明等几大类型。

1. 展现建筑基本特征：泛光照明、轮廓照明

展现建筑基本特征是凸显建筑意象的基本方式。对于大多数商业建筑来说，

浙江义乌佛堂古镇的照明，突出古建筑的特色元素　（摄影：安洋）

可将泛光照明与轮廓照明结合运用，简明地强调建筑本质。

2. 凸显现代建筑质感：内透光照明

对于大量采用玻璃材质的现代建筑来说，内透光照明最能展现建筑质感。内透光照明利用室内光线向外透射，优势在于溢散光少，基本上无眩光，且照明设备不影响建筑立面景观。

有玻璃幕墙的商业建筑多呈现出精致的高级感，内透光照明从室内射出光线，使玻璃数量、大小以及造型变得可视，从而烘托建筑质感。

3. 除了商业建筑的立面，室外广场也是重要的展示空间

对于有广场的商业体来说，在夜间点亮景观小品能起到装饰广场的作用。在景观小品的装饰照明方面，剪影照明和月光照明较为常用。剪影照明利用灯光将被照景物和它的背景分开，形成明显的光影对比。适用于形状明显的室外景观，使其成为视觉焦点。

4. 烘托规则建筑的繁华感：电光媒体立面

对于规则的商业建筑来说，其规

丨 广州小蛮腰，作为地标建筑物，采用光电媒体显示的形式，展现多彩灯和文字信息，传达不同的视觉效果，增加了城市的活力（摄影：梁勇）

则的立面能够更为完整地展示信息，而电光媒体立面的亮化手法能助力商业建筑的色彩和文字表达。电光媒体立面利用光源结合艺术色彩，以照明和影像呈现。能覆盖整个建筑展示面，良好地展现色彩、传递信息，为外立面带去具有节奏感、音乐感的图形变化，为商业建筑增添活力，在夜间显示出繁华感。

在实践中，建筑物照明设计需要根据建筑物的类型、使用功能、用户需求、地理环境等因素，综合考虑上述所有方面，进行具体的设计。优秀的照明设计应是技术性和艺术性的完美结合，既满足实用性和舒适性的需求，又能增强建筑物的美感和空间氛围。

（三）建筑物诗意照明的误区

建筑照明的误区是影响使用者的舒适度、生活质量和能源效率的关键因素。作为照明设计领域的研究者，我们深度探究这些误区并提供解决之道。

无视光照质量的差异，过度追求照度高低是一个普遍的误区。高照度并不一定带来更好的视觉效果。光源的色温、色彩再现性及其在空间中的分布等因素对视觉效果也有显著影响。因此，应以提升照明质量为目标，合理控制照度，选择合适的光源，做好光的引导和遮挡，保证光在空间中的均匀性和连续性。

忽视照明设计的节能性和环保性是另一个重要误区。过度依赖人工照明，不合理使用自然光，以及选择能耗高、寿命短的照明设备，都会浪费能源，加重环境压力。因此，应重视照明的能效，提高自然光利用率，采用节能光源和智能照明控制系统，降低能耗，减少碳排放。

过于强调照明的功能性，而忽视其审美性和心理效应是一个常见的误区。过于刺眼或暗淡的光线、过于单一或杂乱的光色，以及过于静态或动态的光效，都会影响居民的情绪、认知和行为。因此，应结合空间特性和居民需求，设计出富有韵律、和谐、温馨的光环境，增强居民的视觉舒适度、生活满足感，保证其身心健康。

缺乏系统化、人性化的设计思考是一个普遍的误区。过于依赖规范或经验，不够重视照明与空间、家具、装饰的关系，以及照明与居民活动、习惯、期望的关系，都会导致照明效果不佳，不符合居民需求。因此，应以居民为中心，运用系统化、人性化的设计方法，综合考虑照明的物理、心理、社会效应，实现照明与环境、人的和谐统一。

建筑照明的误区既是设计实践中的挑战,也是科学研究和技术创新的机遇。通过利用高科技工具，我们可以更精准地理解和预测居民的行为、需求，可以更高效地分析和优化照明效果，可以更智能地控制和调整照明状态。这不仅能帮助我们避免建筑照明的误区，提升住宅照明的质量和效果，也能推动建筑照明的科学发展和社会进步。

江西婺源一景区，对古建筑的随意照亮，不但没有美感，还与文化割裂 （摄影：梁勇）

（四）回归自然、闲适温馨

在当前的社会环境下，建筑照明设计面临着“回归自然、闲适温馨”的趋势和挑战。作为一个重要的设计领域，建筑照明不仅关乎视觉舒适性和功能实现，更与使用者的情绪、心理健康和生活品质紧密相连。这使得建筑照明设计必须超越物理参数的单一考量，向自然性、人性化、和谐性的多维度探索。

“回归自然”是建筑照明设计的重要原则。在理论和实践中，我们尝试模拟自然光的特性，利用自然光的资源，创建出接近自然的光环境。这包括模拟阳光的动态变化、模拟天空的颜色分布、模拟树林的光影效果等等。同时，我们也使用智能化的照明控制系统，根据居民的生活节奏、天气变化、季节轮回等条件，动态调整光的强度、色温、方向，使得人造光能更好地贴近自然光，更好地服务于人的生活。

“闲适温馨”是建筑照明设计的重要目标。在理论研究和实践中，我们尝试通过光的设计，营造出放松、安心、愉悦的空间氛围，满足使用者的心理需求，提升人们的生活满足感。这包括选择温暖的光色，保持光的柔和，利用光的散射、反射、透射等效果，塑造出丰富的光影纹理，增强空间的深度、层次、趣味性。同时，我们也关注光的社会效应，尝试通过光的引导，促进使用者的参与感、亲近感、归属感。

西湖国宾馆夜景的设计理念是闲适温馨　（摄影：安洋）

在建筑照明设计的过程中，我们依赖于先进工具和技术，以实现更精准的需求分析、更科学的设计决策、更有效的效果评估。通过收集和分析大量的数据，我们可以更好地理解和预测人们的行为、喜好、期望，可以更好地掌握和优化光的物理特性、心理效应、社会效益，可以更好地实现光环境的智能化、个性化、人性化。

总的来说，“回归自然、闲适温馨”是建筑照明设计的理想追求，也是技术创新的重要动力。它要求我们有足够的专业知识、技术实力、设计敏感度、创新精神，以期实现住宅照明的美学价值、功能价值、环境价值、社会价值的统一，提升人类的生活质量，推动社会的持续发展。

（五）人情味浓、归属感强

“人情味浓、归属感强”的建筑照明设计，代表着一种富有人性关怀和社会情感的设计理念。照明设计不仅在于满足视觉功能需求，更重要的是如何通过光的艺术呈现，唤起人们对家的情感认同，增强对生活场所的归属感，塑造出丰富、多元和富有情感的居住体验。

“人情味浓”的照明设计，强调照明设计与人们生活习惯、文化背景、情感需求的紧密相连。照明设计者需要以人为本，深入理解居民的生活模式、感

杭州西湖边的景观照明，突出温馨、舒适、宜人的光环境 （摄影：梁勇）

知习惯、审美喜好，以此为基础进行光源选择、光线布置、亮度调控等设计决策。此外，设计者还需考虑照明的心理效应，运用光的色温、色彩、照度等因素，营造出温馨、舒适、宜人的光环境，以满足使用者的情感需求，提升其生活满足感。

"归属感强"的照明设计，强调照明设计与人们的参与、亲近感、身份认同的关系。照明设计者需要考虑照明与空间、家具、装饰的相互作用，运用光的引导、高亮、聚焦等效果，塑造出有层次、有节奏、有故事的空间氛围，以增强居民对家的情感认同，增强其对生活场所的归属感。此外，设计者还需关注照明的社会效应，尝试通过照明的公共性、可调性、可控性，促进人们的参与，增强其对社区的亲近感、归属感。

为实现"人情味浓、归属感强"的建筑照明设计，我们可以利用先进工具和技术，进行更精准的需求分析、更科学的设计决策、更有效的效果评估。通过收集和分析大量的数据，我们可以更好地理解和预测人们的行为、喜好、期望，可以更好地掌握和优化光的物理特性、心理效应、社会效益，可以更好地实现光环境的智能化、个性化、人性化。

总的来说，"人情味浓、归属感强"是建筑照明设计的理想追求，也是科学研究和技术创新的重要动力。它要求我们有足够的专业知识、技术实力、设计敏感度、创新精神，以期实现照明的美学价值、功能价值、环境价值、社会价值的统一，提升人类的生活质量，推动社会的持续发展。

（六）生态技术以人为本

"生态技术以人为本"的建筑照明设计理念，强调在满足人的基本视觉需求和舒适度的同时，积极应用生态环保的照明技术，探求光与人、光与环境的和谐关系。这是一种综合了人性关怀、技术创新和生态智慧的设计方向，致力于提升居住环境的舒适度、实用性和可持续性。

住宅照明设计不仅要满足基础的视觉需求,还要考虑到使用者的生活习惯、情感需求和审美喜好。光的质量、强度、色温、方向和时间分布都会对人的生理和心理产生影响。为此，照明设计者需要深入理解光对人的影响，通过精细的光控制，创造出舒适、安全、健康的光环境。

在生态技术的应用上，我们可以利用节能灯具、智能控制系统等技术，实现照明系统的能源高效利用，减少光污染和资源浪费。例如，我们可以使用LED灯具，不仅因为其高效、使用寿命大、可调性强，更因为其色温可控，能够模拟自然光的动态变化，提升居民的生活品质。智能控制系统可以根据环境条件和居民需求，自动调整光的强度和色温，实现光环境的个性化和智能化。

此外，我们也可以通过生态设计思维，尽可能地利用自然光，以达到照明和采光的双重效果，同时降低能源消耗。例如，我们可以通过合理的窗户设计和反射材料的使用，增加自然光的引入和分布，营造出明亮、均匀、自然的光环境。

在实现“生态技术以人为本”的住宅照明设计的过程中，先进技术为我们提供了重要的工具。通过收集和分析大量的数据，我们可以更深入地理解居民的行为和需求，可以更精准地预测和控制光环境的效果，可以更有效地实现照明设计的目标。

总的来说，“生态技术以人为本”的建筑照明设计理念，将人性关怀、技术创新和生态智慧有机结合，推动了照明设计的理论深化和实践创新，为创建舒适、实用、可持续的住宅光环境提供了新的可能性。

二、建筑物实践案例

（一）“西而新”——南京青奥中心诗意照明设计实践案例

南京青奥中心，这座卓越的建筑，矗立于南京市建邺区，概念和设计皆出自国际知名女建筑师扎哈·哈迪德的创新匠心。这座奇妙的建筑集群包括一座

南京青奥中心夜景呈现向上流动的势态，强化了建筑的曲面之美　　（摄影：安洋）

包含68层的五星级酒店及办公塔楼、一座58层的会议酒店塔楼和一座6层高的会议中心，建筑总体高度约300米。建筑设计概念独特，其外观如同一艘宇宙飞船，令人惊叹的大面积弧度、透明的屋顶和流动感十足的外立面，赋予了这座建筑独特的魅力和个性。

2014年，南京青奥中心在南京青奥会上首次亮相，它的现代设计与古都南京的传统气息形成了一种既冲突又和谐的关系。这种独特的设计赋予了南京

| 南京青奥中心顶层采用光束灯，直指天际，增加了建筑的虚拟高度　（摄影：安洋）

青奥中心一种力量，使其在南京这座历史悠久的城市中，如同一艘指向未来的飞船，尽显现代气息。

然而，南京青奥中心的建筑设计之精巧复杂，意味着其景观照明工程将是一项极富挑战性的任务。面对这个复杂甚至略带“矛盾”的建筑，我们如何能够恰当地表现出它的独特气质呢？

在白天，我们无法想象南京青奥中心及其周围晚上会变成什么样子。然而，当夜幕降临时，我们看到的是一个完全不同的世界。太阳下的大地景观消失了，取而代之的是银蓝色的都市上空、柔和而富有质感的广场地面，以及更为前卫和多变的建筑。这种转变是由灯光实现的，无数动人的设计细节在光线的衬托下得以显现，树影和布满光的石块也显得格外迷人。这就是优秀的景观照明的魅力，它能让人们感到美丽和舒适，与建筑本身及其周围的景观完美融合。

扎哈有句名言——“没有曲线就没有未来”。这在南京青奥中心这个项目中得到了完美的体现。为了在灯光效果上更突显南京青奥中心建筑的曲面流动之美，照明项目设计了“光芒上升”的艺术灯光效果。

在这个解决方案中，主要采用 70 余万颗点光源，如同璀璨银河中的繁星，为这座建筑赋予了生动的色彩和韵律。用线条灯描绘建筑的轮廓，通过强烈的垂直线条，展示出建筑独特的审美内涵。塔冠部分使用投光灯和光束灯，产生了极具震撼力的重点照明效果，营造出建筑虚拟高度感，突出在夜空中高耸入云的效果，从而为人们对光线能量的认知赋予了新的理解。

在这个过程中，LED 照明系统和智能控制系统无缝连接，完全整合了控制、网络、终端设备及编程系统，实现了人、空间和设备的互动。这一智能互联照明系统具有极高的灵活性，使得南京青奥中心在夜晚的不同时段，或特殊节日，都能根据业主和设计师的需求，呈现出不同的照明效果。景观照明解决方案还能减少散射光，确保灯光主要集中在建筑外立面和顶部，为公众提供足够的照明，使人们即使在远处也能清楚地看到这座建筑。这个方案不仅避免了对城市夜空的污染，也减少了能源浪费，符合南京青奥中心的环保理念。

扎哈·哈迪德的设计精髓在于使照明技术在这里完美结合，让南京青奥中心成为一个真正的视觉亮点，无论是在白天还是在黑夜，都能够展现出独特的魅力。在白天，南京青奥中心的流动曲线和独特外观令人瞩目；而在夜晚，精心设计的照明效果更是让人们为之倾倒。它们共同塑造了这座建筑的灵魂，让它在南京这座历史悠久的城市中独树一帜。

南京青奥中心的成功，显示了建筑和照明设计如何携手合作，打造出令人难忘的视觉体验。这不仅仅是一个建筑项目，更是一个展示人类创新和技术实力的杰作。

南京青奥中心以其激进的设计和惊人的美学深深影响着南京，其无与伦比的夜景更是让这座古老的城市焕发出了新的活力。作为南京地标性建筑的青奥中心，以其独特的建筑造型和现代化的智能互联照明解决方案，吸引了无数的眼球，使之成了城市夜景中的一道亮丽风景线。

同时，这样的成功案例也对建筑设计和照明设计领域产生了深远的影响。一方面，建筑设计师们会更多地考虑到如何在设计中融入照明元素，使得建筑在白天和夜晚都能展现出吸引人的魅力。另一方面，照明设计师们也将更加重视通过照明效果来展现出建筑的特点，使其在夜晚也能吸引人们的目光。

南京青奥会议中心，这座占地约 49 万平方米的现代化建筑，主体分为 6 层，总面积约为 19.4 万平方米。它包括能容纳两千余人的大会议厅（也称为保利

南京青奥中心会议厅的照明，如同流动的水流，在灯光的映衬下熠熠生辉　（摄影：梁勇）

剧院）、505 席的音乐厅、四个各面积超过 1000 平方米的多功能厅，以及展览厅、会议室、贵宾厅、多功能区和餐饮配套服务等设施。

灯光设计理念的核心是“流动”和“能量”。扎哈·哈迪德认为，建筑的生命力源于空间的流动性和其中蕴含的能量。在这个观念的指导下，建筑的空间似乎在静止中“流动”，并在每一个扭转的角落散发出无穷的能量。这种仿佛无重力的诱人魅力，总是能够让人心境豁然开朗，感受到生活的激情和活力。

扎哈·哈迪德是一位倡导开放性空间的建筑大师，她擅长从不稳定的元素中寻找秩序和规律。她曾经说过，“没有曲线就没有未来”，这句话深刻地反映出她对于空间和结构的独特理解和态度。

在这个神秘而富有诱惑力的空间中，照明设计团队尝试去理解并解读扎哈·哈迪德的设计理念:“原野与山丘”“开放与洞穴”“河流如何蜿蜒流淌”“山峰如何指引方向”“天空从何凝聚力量”。经过深入探索和反思，团队最终将“流动”和“能量”确定为灯光设计的主题。其中，“流动”象征生命的延续，是线条与面的和谐，是自然的赋予；“能量”则是“流动”的驱动力，两者互相依赖，交织在一起，构成了光的本质和特性。

在实际操作中，设计团队要理性地拆解大大小小、交错的空间组团，以“流动”和“能量”为导向，精确探寻每一个动线的起止点，合理分配和调整“能量”的强弱。以下，我们将就具体的区域来分析照明设计团队是如何将“流动”和“能量”这两个概念融入空间中的。

在“流动”和“能量”的主题下，主大厅的照明设计呼应了扎哈·哈迪德流动曲线的建筑风格，将光的流动与建筑空间的流动完美融合。灯光的布置以及亮度的调控，都紧紧围绕着空间的起伏和节奏，与建筑内部的形态相互呼应。柔和的光线如同溪水般在大厅中流淌，引导人们的视线和步伐，营造出生命的流动与能量。这种照明设计让人有一种身处生活交响曲之中的感觉，那里充满了活力、希望和未来。

接下来我们将目光转向音乐厅。音乐厅则是一个更为专业的空间，设有 505 个座位，对照明设计的要求更加细致和精确。在此，设计团队以“流动”和“能量”的理念为指导，巧妙地将灯光设计与音乐的节奏和旋律结合。通过调整灯光的亮度和色彩，设计师模拟出音符在空间中的“流动”，并通过灯光的变化表现音乐的“能量”。在柔和的旋律中，光线如同细流般轻轻流淌；在激昂的乐章中，光线如同狂潮般汹涌澎湃。这种视觉和听觉的双重享受，让人们更加深入地感受到音乐的魅力。

灯光的布局和调控充分考虑了空间的使用功能和人们的视觉需求。在强调“流动”的同时，也保证了“能量”的合理分配。例如，会议室的灯光布置需要满足人们阅读、写作等需求，因此应确保光线的均匀；而多功能厅需要适应不同的活动，因此要求灯光具有足够的灵活性和变化性。

音乐厅与大会议厅类似，但飘带的加入，为整个音乐“洞穴”增添了更加奇趣与神秘的效果。这里的功能灯发挥了更大的作用，舞台正上方的功能灯在演出时也会为场上提供必要的环境光，以增加气氛。设计师对飘带进行了创新性的设计，设置了双功能系统，内部装配了白光及 RGB 彩色光双 LED Mesh 系统做逐点控制。白光会在演出前后提供动态流动的开场与闭场功能照明，也可在需要营造特定氛围的时候进行无序的水纹变化。在特殊演出或其他功能中，RGB 的全彩调光可感染整个环境的气氛，这些新的概念与使用是以前从未想象与涉及的。

公共区域的设计挑战来自“流动”与“能量”的主题。在这些开放的空间中，设计师需确保访客不会在四通八达的路网中迷失方向。于是，设计团队试图将“流动”赋予所有人可及之处，在交汇点聚集、扭转、发散，将“能量”释放在冲突中。他们通过精心排布照明，引导人们行走的方向，使人们能自然地跟着感觉走到想去的地方，这也是扎哈团队期望看到的结果。

然而，公共区的设计也面临着难题。拉膜必须满足防火要求，而这为照明设计增加了难度。BARRISOL 防火产品为编织膜，由于交叠，其透光性能与表面亮度受到影响。确定了灯膜后，设计团队开始探索如何优化照明效果，使之既能满足防火要求，又能保持良好的照明性能。这就需要在照明设计中做出妥协和平衡。

在公共区域，选择使用具有良好扩散效果的照明设备，这些设备不仅能提供平均的亮度，还能创造出独特的视觉效果。此外，还利用不同色温的灯光来突出特定区域，从而引导人们的视线和行动。

在落地窗附近，使用了更为细致的照明设计，以创造出自然光与人造光的和谐融合。设计团队使用了一种可调节亮度的窗帘，这样在日光充足的情况下，可以适当地降低室内照明的亮度，以避免光线过于刺眼；而在光线暗淡的情况下，可以通过调高室内照明的亮度来补充光线。

在这个设计过程中，必须考虑到各种因素，包括空间的使用功能、人们的视觉需求、安全要求、照明设备的性能和安装位置等。通过创新性的设计和精心的布局，成功地创造出一个既实用又美观的公共空间。整个南京青奥会议中心的照明设计都是在这种精细的考虑和创新思维的指导下完成的，最终呈现出了令人赞叹的效果。

总之，南京青奥中心的成功是一个里程碑，它标志着建筑设计和照明设计已经完美地结合在一起，一起为人们创造出了一个更美丽的城市夜景。而在未来，随着城市化的发展和科技的进步，我们有理由相信，将会有更多这样的建筑，以独特的设计和先进的照明技术，为城市的夜晚增添更多的色彩，使得城市夜景更加绚烂多彩。

（二）“中而古”——辽代重熙一阁两塔诗意照明设计实践案例

古代建筑不仅是城市景观的关键要素，更是一座城市文化底蕴和历史印记的重要反映。当我们谈论到古建筑的照明设计时，我们追求的是简洁而又真实的设计理念，意图以鲜活且生动的形式，展现古建筑的精髓。这个理念并不与古建筑的保护相冲突，反而通过真实而直接的展示，使古建筑的文化底蕴得以折射。

作为城市中历史文化的载体，古建筑也成为旅游胜地。因此，其在夜晚的景观价值和商业价值日益被人们重视。然而，当前古建筑夜景照明设计的状况并未达到人们的期待，其照明效果往往缺乏美感，古建筑的保护、节能以及眩光控制等问题，都引发了众多的争议和质疑。这让我们不得不重新思考，中国古建筑的照明设计应当如何进行？又有哪些关键要点我们需要注意？

古建筑照明设计的核心理念是“尊重经典，表现经典”。在进行照明设计前，需要全面深入地理解各种古建筑物的特性。根据古建筑的建筑风格、功能、饰面材料、结构特征、装饰图案以及周边环境，抓住照明设计的重点，同时也要考虑古建筑整体效果的立体照明设计方法，以此充分展现古建筑的艺术风采。

在照明设计中，我们常用的设计手法是“见光不见灯”，古建筑的照明设计正是这一理念的最佳例证。与传统文化强调孔孟之道的理念不同，中国人在

杭州西湖国宾馆的照明，尊重经典，表现经典　（摄影：安洋）

审美观点上，更倾向于道家的无为之思想。这种理念体现在审美的各个方面，包括古建筑的照明设计。当现代人为古建筑进行照明设计时，必须体现这一理念，使古建筑以生动活泼的姿态呈现出来。

中国传统建筑以其独特的特点而著名，其中最引人注目的特征之一就是宏大的屋顶。经过曲线和曲面的处理和装饰，屋顶不再显得笨重，而是展现出精致的美感。因此，在夜间的照明设计中，应将重点放在屋顶上，通过精巧的照明处理来展现古建筑的韵味。屋顶的形式、材料和斗拱上的彩画装饰都会对照明产生重要影响。

在照明设计中，可以考虑在檐口设置小型的投光灯向上照射，或沿着屋脊设置小型投光灯向下照射，这不仅能展现传统屋顶的结构美感，还能突出屋顶上翘起的轮廓。同样，屋顶的屋脊和其他一些细节部分可以使用小巧的光纤灯来突出重点。对于中国古建筑上精美无比的屋顶，可以采用“仅照亮屋面下的斗拱和屋身而不照明屋顶”的方式，追求精致轮廓剪影的效果，更能体现中国传统建筑艺术的含蓄美。

对于柱廊式的建筑，照亮内侧的墙壁，使外侧的构件形成剪影效果，同样具有中国画的意境。照亮坡屋面的同时，照亮柱子或墙壁，也是一种表达中国传统建筑照明的方式。根据建筑内部空间的布局，灯光突出明间、次间和梢间等柱位的韵律和檐下斗拱的丰富关系。可以通过加强明间的灯光来使上方的牌匾更加醒目。

在建筑的外部，也可以设置投光灯。这些灯具可以隐藏在周围的绿化植物中，甚至可以与绿化照明相结合。满足古建筑照明设计的四大原则是基础。首先，符合美学规律，通过灯光的照射，展示建筑物的几何美、层次感和立体感，通过点、线、面、明暗和运动静止等因素的结合来实现。其次，减少眩光干扰，体现人性关怀，灯具的安装位置、高度以及投射方向都需要谨慎考虑，以避免产生眩光，影响人们的视线。再次，尊重古建筑本身的色彩，光线色温选择应与建筑本身的色彩协调。不要过于强调灯光的色彩效果，避免破坏古建筑本身的色彩。最后，照明设计需要考虑到节能环保，尽可能选择高效、节能的照明设备，并合理调控照明强度，以达到节能效果。

现在，随着科技的进步，智能化的照明系统也被引入到古建筑照明设计中，如动态光景系统、照明控制系统等。这种智能化照明设计能够根据季节、时间、天气等因素自动调节照明效果，不仅能够提升照明效果，而且能有效降低能耗。

对古建筑的保护和修复，也是我们在设计照明方案时必须考虑的问题。古建筑是历史的见证，我们应该尽可能地减少对其本身结构的干预，使其在夜间通过照明展现出自然、原始的美。在安装照明设备时，也要尽量选择小巧、轻便的设备，避免对古建筑造成影响。

总的来说，古建筑的照明设计应该将美学、功能、环保等因素考虑在内，最大限度地展现古建筑的特色和魅力。同时，我们也应该尊重和保护古建筑，让它们在现代城市中继续熠熠生辉，为我们的城市增添历史和文化的色彩。我们以唐山市丰润区车轴山中学内的古建筑照明为例来进行诗意景观照明的研究。

车轴山中学作为有着深厚的文化底蕴、丰富的艺术内涵的学校，校园内有辽代重熙年间建的一阁两塔，我们对其遗迹部分进行照明设计。从山脚的学校大门，到红门、校牌楼、校史室、图书馆，再到山顶的文昌阁、无量阁和药灵师塔，各具特色，错落有致，随着中轴线布置层层递进，两旁古槐，郁郁葱葱，遮天盖日。

灯光是有情绪的，也是有温度的。平面布置的亮度分析，使整个光环境富有层次感和节奏感；在光色上，以 2200 ~ 3200K 这个色系范围的静态光为主。

通过亮度、色调、动静的控制，让光与物相融、与景相映、与人相惜。我们提出了“流光回溯 、古韵今辉”的设计主题，来加深观赏者的印象和回味。

半圆形三开拱门的学校主大门，在窗台上采用小巧的投光灯照亮沿口，洗墙灯横向照亮屋顶和校匾，拱形的门洞柱头上安装洗墙灯，形成敞亮的引导作用。3000K 的光色结合米色的大理石，给人温润文雅的书卷之气。

大红门采用欧式铁艺加大红油漆装饰，具有浓厚的时代特色和怀旧气息。采用窄光束投光灯精准照亮，庭院两侧镂空的围栏采用洗墙灯照亮，起到一个围合作用。

校牌楼、校史室、图书馆属于巴洛克的建筑装饰风格。为了不影响白天的立面效果，采用精准投光灯远投来感受隐形的光影，触动情感的共鸣。

车轴山中学欧式大门，温润文雅的光色，强调了拱形的门洞　　（摄影：安洋）

| 巴洛克风格的建筑采用远投的方式来照明 （摄影：梁勇）

通道采用台阶灯起到低位照明的引导作用，形成光影的韵律感。两侧的古槐树，采用绿白色投光灯来营造自然的、斑驳的月光照明效果，间接也起到了功能照明的作用。

作为丰润人民的精神堡垒的三个文物建筑，坐落在山顶最高处，但照明设施安装条件极为苛刻。借鉴了北京故宫的立杆远投照明形式，最后达到了整个立面均匀璀璨、亮而不曝、形象清晰的夜景效果。色温以 2700K 的落日余晖黄为主，意境上营造一种沧桑感与历史感，来展现对王朝更迭和时代兴衰的一种感叹。

| 重熙年间的一阁两塔，在灯光的照映下，显现出满身落寞、仆仆风尘、冷静如水的独特气质，有种让人在悲喜交加中感到欲说还休的历史沧桑感，非常贴合“古今多少苍茫事，都付笑谈中”

（摄影：梁勇）

在碳达峰、碳中和的背景下，整个项目的照明被谨慎地设计和使用。以极简主义的“少即是多”的设计理念为原则，以空间结构的转化为轴线，以历史发展的脉络为灵魂，让光作为一种传情达意的语言和媒介来叙述历史。通过节制的用光，追求简约化、人性化、生态化和低碳环保，来达到一种可持续性的设计目标。反对过度设计对环境和资源带来的破坏与浪费，让越来越多的照明人能意识到设计可持续的重要性。

（三）“中而新”——桃李春风住宅诗意照明设计实践案例

“结庐在人境，而无车马喧”，这是一个描述理想生活环境的诗句，它也描绘了一个遗世独立的桃源世界——桃李春风住宅小区。这个住宅远离城市的喧嚣，人们在这里回归故里，享受宠辱不惊的生活，在这里看庭前花开花落，去留无意，望天上云卷云舒。

桃李春风位于浙江临安的青山湖旅游度假区的北部，与杭州西湖仅有 40

| 桃李春风小区内部的极简照明，呈现自然、悠闲、浪漫的栖居环境　（摄影：梁勇）

公里的距离。这里群山环抱，森林茂密，拥有得天独厚的山水资源和生态环境。项目占地约3万平方米，地形以平缓的丘陵为主，由15栋地上二层联排式中式风格住宅建筑构成。每栋建筑之间的间距南北向大于10米，东西间距满足防火间距要求，每个组团通过组团路与小区道路相连。所有住宅户型都是前庭后院式的院落布局，户内空间围绕内院和花园组织。

桃李春风项目的开发定位为集生态、景观、文化于一体的休闲度假式低密度高端社区，被誉为“全龄化颐乐生活小镇”。这不仅是一个典型的项目，更是当代中国城镇化进程中家庭颐养享乐生活新里程的象征。在这个项目中，充分利用和体现了临安地区优美的自然景观条件和深厚的人文积淀，提倡一种自然、悠闲、浪漫的居住方式，让居民在山水田园般的诗意环境中体验生活。

在建筑的外立面设计上，项目采用中式古典风格，将江南婉约的特点融入建筑之中，以精致、典雅的建筑风格作为单体建筑设计的指导理念。建筑的空间立面以多门窗、少实墙为特点，既满足了通风采光的需求，又有效地考虑了观景和借景的因素，增强了居民对户外园林景观的亲近感，使人们能够欣赏到美丽的景色的同时拥有舒适的起居环境。在开发过程中，我们始终强调人与环境、居住区与环境的有机结合的理念，将住宅融入环境之中，让人们在休闲的居住环境中感受到舒适，这也是我们以人为本的开发理念的体现。

江南造园艺术的特点被巧妙地应用在照明设计中，以“步移景异”的灯光场景贯穿人的行径感知。公共空间的光环境则通过主光和借光的手法，达到了亮度的平衡。亭榭楼台、粉墙黛瓦与光的结合，犹如一幅幅韵味十足的江南画卷，展现在人们的眼前。

街道的入户部分，尺度适中，暖色温的草坪灯与植物相融合，小功率投光灯为入户门提供重点照明，灯光的布局和色温的选择，都体现了设计的巧妙和人性化。

装饰设计方面，采用了简洁而精致的风格。丰富的装饰元素经过提炼，形成了统一而精致的装饰风格，摒弃了繁复的雕梁画栋，体现了中国古典建筑的精髓，符合现代审美品位。通过现代化的生产工艺，使建筑细节更加精致完美。

| 极少的装饰光，与室内自然的内透相得益彰，凸显一种和谐互补的效果　（摄影：梁勇）

建筑造型采用翼角起翘的设计，显得灵动轻巧，这种设计方式也增强了建筑空间的感受。

小镇中心的民宿酒店入口广场，实景精准控光的小功率投光灯与中式大开窗的灯光通透性相得益彰，形成了一种和谐而又互补的效果。

在色彩搭配方面，注重巧妙地运用。延续了古典建筑中粉墙黛瓦与自然景观之间形成的色彩搭配与对比。建筑的空间立面多采用门窗，减少实墙的使用，既保证了通风和采光的需求，又充分考虑了观景和借景的效果。这样，在夜晚，人们也能够参与室外园林景观的观赏，给人一种愉悦的感觉。

在照明设计中，我们强调空间尺度、质感与情境的丰富变化，形成了水景、绿地景观、园景和建筑之间在空间尺度上的相互衔接以及与周边自然环境的契合，这样的设计思路，使得整个空间在夜晚也能呈现出别样的诗意美感。

三、公共空间的诗意照明设计

（一）公共空间的类型

生活中的各种活动，是社区生活、市民交往、文化体验等的重要场所。在城市景观设计中,公共空间的设计旨在提供一种功能性和美观性相结合的环境，使之成为城市生活的重要组成部分。

社交交流的空间。公共空间作为一个开放的场所，促进了人与人之间的交流和互动。这些空间可以是公园、广场、街头，甚至是公交车站等，为市民提供了进行社交、交流的可能性，从而增强了社区的凝聚力和归属感。

休闲娱乐的空间。公共空间提供了各种休闲娱乐活动的场所。例如，公园里的运动设施、城市广场上的音乐演出、河边的散步道等，都让市民有机会在繁忙的生活中找到放松和娱乐的时刻。

文化体验的空间。公共空间是展示城市历史、文化和艺术的重要场所。历

杭州河坊街的夜景，采用灯笼装饰立面、投影强调地面，突出商业氛围　（摄影：安洋）

史建筑、艺术雕塑、文化活动等，都在公共空间中得以展现，使得市民能够直观地了解和感受到城市的文化底蕴。

环境教育的空间。公共空间也是进行环保教育和可持续性教育的好场所。例如，城市公园中的生态保护区、环保主题的公共艺术作品、城市农业示范区等，都为市民提供了亲身接触和理解环保和可持续性问题的机会。

公民活动的空间。公共空间是公民进行各种活动的场所，包括演出、庆典等。这些活动在公共空间中进行，既体现了公民权利的行使，也彰显了城市的开放性和多元性。

在城市景观设计中，公共空间设计应考虑到以上各种功能，以创造出既适应市民需求，又具有美学价值的公共空间，从而提升城市的生活品质和文化魅力。而对公共空间实施照明具有必要性，其主要表现在以下几个方面：

安全性。适当的照明能够提高公共空间在夜间的可见度，避免意外发生，保障公众的安全。比如，照明可以帮助行人看清道路，避免摔跤或与其他人、物体相撞。同时，良好的照明也能提高道路上的行车安全性，减少车辆事故的发生。

导航性。在公共空间中，照明可以作为导航的重要元素，帮助人们在城市中寻找目标位置。通过明暗、色彩、形状等不同的灯光设计，可以标示出道路、建筑物、入口、出口等重要的空间和路径信息，帮助人们更好地理解和识别空间。

氛围塑造。通过灯光设计，可以营造出各种不同的氛围和情绪。比如，在公园或广场中，柔和和变化的灯光可以营造出宁静和舒适的氛围；在节日或庆典活动中，色彩鲜艳和动态的灯光可以营造出欢快和热闹的氛围。

景观美化。在夜晚，照明也是城市景观的重要组成部分，有助于美化城市，提升城市形象。通过灯光的照射，可以突出建筑或景点的特点，增强其视觉吸引力。同时，创新的灯光设计也可以成为一种公共艺术，为城市增添独特的魅力。

功能性。对于一些特定的公共空间，比如阅读区、体育设施、停车场等，适当的照明是实现其功能的必要条件。

社区活动。良好的照明可以延长公共空间的使用时间，使得社区活动不仅限于日间，从而提高公共空间的使用效率，丰富社区生活。

因此，公共空间照明在城市景观设计中具有必要性，是提升城市夜间景观、保障公众安全和方便、营造舒适环境、实现公共空间功能等的重要手段。

（二）诗意空间的特质

诗意空间或被诗化的空间，超越了简单的物理环境，它借助人的感知与想象力，将人的情绪和记忆与某一特定的场所紧密相连。这种空间的塑造，依赖设计师打造出具有特定意义和情感价值的空间环境，其目的在于激发人们的情感共鸣，让人们获得深度的体验。诗意空间的这种特性，在景观照明设计中的诠释和创造，无疑是一项充满挑战的任务。

诗意空间的诞生，源自对具体空间环境的独特解读与想象，其主要手段是通过灵活、精细的照明设计手法，创造出引人入胜的视觉与感知体验。这需要设计者具备高超的艺术感知和丰富的情感经验，以便塑造出能够触动人心的照明环境，赋予空间内涵深远的诗意情感。

诗意空间的创造并非简单的灯光布置，而是将光与暗、实与虚、动与静等元素融合，通过光线的明暗、色彩、方向、强度等变化，激发观者的想象力和情感共鸣。这种照明设计不仅需要关注光的物理属性，更要考虑光如何与环境、材质、色彩、空间等相互作用，以表达和传达特定的空间情感。

在这一过程中，设计师需要了解并敏感地捕捉人们对光的感知和反应。例如，柔和的暖光可能会让人联想到家的温馨，明亮的冷光可能会让人联想到公共空间的开放和活力。通过精心设计的灯光，人们可以在某个特定的场所中找到深层的情感联系和记忆共鸣。

另外，设计师还需要关注空间的具体情境，比如时间、地点、文化背景等因素，以使得照明设计的效果更加丰富和立体。例如，在一个历史悠久的古城中，设计师可能会选择暗淡而暖色的灯光，以唤起人们对过去的回忆和怀旧之情；而在现代化的都市空间中，设计师可能会选择明亮而鲜艳的灯光，以创造出活力四射、未来感十足的空间氛围。

总之，在景观照明设计中，诗意空间的诠释和创造是一项极具挑战性的任务。设计师需要以高度的艺术感知、敏锐的情感洞察以及深厚的专业知识，来塑造出能够引发人们情感共鸣和深层次体验的诗意空间，以实现人与环境之间的和谐对话。

1. 空间的审美

诗意空间首先必须满足审美的需求。其审美体验来自照明设计师精心设计的光线效果，既包括明暗、色温、照度等基本的光线属性，也涉及照明的节奏、温度和质感等细致的感知体验。设计师通过操控和调整这些元素，使空间环境形成一种独特的氛围，使人产生深层次的审美感受。

2. 场所的象征

在诗意空间中，特定的场所往往被赋予了一种象征性的意义，这种意义不仅来自物理环境本身，也来自人们对于这个场所的历史记忆、文化解读或个人经历。在设计过程中，照明设计师需要将这种象征性的意义表达出来，通过光影的塑造，让空间的故事性和象征性得以展现。

3. 情感的引导

诗意空间的另一核心特质是能够引发和引导人们的情感。光线不仅仅是视觉的工具，也是触动人们内心的媒介。设计师通过运用光线，可以在观者心中唤起共鸣，引导其进入一种特定的情感状态，从而实现其对诗意空间的深度体验。

4. 动态的体验

诗意空间的体验往往是动态的，随着时间、气候、季节等环境因素的变化，

浙江衢州开化南湖公园的印章雕塑，采用红色的投光灯照明，起到强调、引导作用，引起共鸣

（摄影：梁勇）

光线效果也会发生相应的变化，从而带来不同的体验感受。因此，设计师需要充分考虑到这种动态性，并运用机器学习算法和工具，进行大量的模拟和预测，以便实现对光线效果的精准控制和适时调整。

5. 人文的考量

诗意空间的创造离不开人文因素的考量，这包括对地方文化、社区习俗、用户需求等方面的深入理解和尊重。设计师需要将这些因素融入照明设计中，以实现空间环境与人们的精神世界之间的契合。

诗意空间在景观照明设计中的表现，是通过审美、象征、情感、动态和人文等多个维度的融合，形成一种富有感染力和韵味的空间氛围。在设计过程中，设计师既要运用专业的技术和工具，如机器学习算法等，也需要有良好的审美眼光、文化敏感度和创新思维，才能成功地塑造出具有诗意特质的空间环境。

（三）有灵性的诗意照明空间

灵性空间是一种非凡的设计概念，体现的是一种超越物质性和功能性的空间审美和情感价值。它涉及人与环境的深层次的互动关系，寄寓着人类对美、

浙江绍兴梅山江休闲公园的桥梁采用投影的形式进行照明，光影流转，浓妆淡墨 （摄影：梁勇）

和谐、氛围和生命的追求和理解。在景观照明设计中，创建有灵性的空间，要求设计师拥有精湛的技术技巧，独特的审美眼光，以及对环境和用户深入的理解。

灵性空间的特质可以从以下几个方面进行探讨和解读。

感知与情感。灵性空间通过触发人们的感知和情感，产生一种与众不同的空间体验。这种体验既来自物理环境的实际条件，如光线、色彩、材质、比例等，也来自人们的主观感受和想象。照明设计在这里起到了至关重要的作用，通过精心的光影塑造，强化或改变空间的感知效果，触发和引导人们的情感反应。

内涵与象征。灵性空间往往富有深厚的内涵和象征意义，这可以是一个历史故事，一个文化符号，或者一个抽象的主题概念。照明设计需要通过创新的设计语言和方法，揭示和强调这种内涵和象征意义，让空间呈现出超越表面的深度和精神性。

维也纳公园里的照明，投影投射出音乐图案来强调音乐之城　（摄影：梁勇）

互动与变化。灵性空间不是静止的，而是充满了动态性和变化性的。它随着时间、天气、季节，甚至人们的行为和情绪的变化，呈现出不同的面貌和氛围。照明设计师需要利用先进的技术和工具，如机器学习算法等，预测和模拟这些变化，制定灵活的照明策略，实现空间的动态互动和个性化体验。

浙江安吉递铺港照明，采用多彩的光色强调景观，营造其内敛、细腻的光环境 （摄影：安洋）

和谐与统一。灵性空间表现出一种和谐而统一的特质，所有的元素和细节都在相互支持和强化，形成一个完整而有机的整体。照明设计师需要有全局的视野和细致的观察，对空间的各个部分进行整体的考量和协调，保证照明效果的和谐统一，体现空间的整体性和一致性。

尊重与适应。灵性空间对环境和用户的尊重和适应，是其成功的关键。设计师需要深入了解地方的自然环境、文化背景，以及用户的需求和期望，将这些因素融入照明设计中，让设计既有艺术的创新，又有生活的实用，既有全球的视野，又有本地的特色。

总之，灵性空间的创建是一项需要技术和艺术、理性和感性相结合的复杂任务。设计师通过照明设计，可以赋予空间以灵性，让人们在其中感受到美的存在，体验到生活的意义，享受到人与环境的和谐共生。

（四）有层次的诗意照明空间

有层次的空间是一种具有多维度和深度的空间类型，它通过各种手段创造出从物理到感知、从个体到集体、从实际到潜在的多种空间关系和交互。在景观照明设计中，有层次的空间需要设计师综合运用各种设计元素和技术，探寻其在空间中的视觉、感知和象征层次。

视觉层次是对物理空间进行操作和组织，通过光线的引导和渲染，产生空间的深度、广度和高度感。在光线的照射下，空间的体积、形状和比例会得到明确和强化，构成一种立体和动态的视觉效果。通过明暗、色温、强弱、方向等光线属性的变化，照明设计师可以塑造出丰富和复杂的视觉层次，让观者在视觉上体验到空间的有序性和连续性。

感知层次是通过光线对人们的感知和情感的影响，实现空间的氛围和情绪塑造。光线作为一种无形的媒介，可以触动人们的感觉器官，引发各种感觉和情感的反应，比如温暖、冷淡、明亮、朦胧、安静、活跃等。照明设计师需要充分理解光线对人的感知和情感的影响，运用照明技术和设备，通过细致的光影表现，让观者在感知上体验到空间的丰富性和变化性。

象征层次是通过光线传达空间的意义和价值，实现空间的象征和诠释。光线可以被赋予各种象征性的意义，如历史、文化、概念、信仰等，通过照明设计师的创意和技巧，这些意义可以被融入空间的表现和解读中。在光影的演绎下，空间不仅仅是一个实体的场所，更是一个富有内涵和故事的舞台。

无论是视觉、感知还是象征层次，都需要照明设计师有扎实的理论知识基础、丰富的实践经验，以及熟练的技术。通过对光线的精细控制和创新运用，可以实现空间的多维度和多层次变化，使之成为一个丰富、生动、有韵味的空间。同时，借助现代技术，可以实现对空间和照明的精准分析和预测，以实现更优秀的设计效果。总的来说，有层次的空间旨在通过光影的艺术，打造出既富有视觉深度、感知丰富性，又充满象征意义的空间。

（五）有意蕴的诗意照明空间

有意蕴的空间可以理解为富有内在含义、能触动人的情感和思考的空间，它包含的不仅是视觉的表现，更是一种精神的象征和文化的传递。在景观照明设计中，构建有意蕴的空间，是对照明艺术与空间内涵完美融合的追求。

有意蕴的空间对照明设计提出了更高的要求。它关注的不仅仅是光的功能性使用，更是光如何引导和激发人们的感知，如何表达和体现空间的精神内涵。设计师需要深入挖掘和理解空间的历史背景、文化传统、社会语境等，将这些要素转化为具象或抽象的光影语言，让空间的意蕴在照明的映衬下得到展现。

光，作为空间设计的重要手段，有其独特的语言和媒介功能。透过光，我们可以塑造空间的形象，营造氛围，强化比例和层次，引导视线和流动，创造出富有情感和意象的空间。在有意蕴的空间中，光不再是一种纯粹的视觉元素，而是一种可以传达和表达空间精神的艺术媒介。光与空间的关系不仅是形式上的协调和整合，更是意义上的互动和对话。

而在光的表现方式上，照明设计师需要运用多种技术和策略，如光源的选择和配置，光的强度和色温的控制，以及光影的布局和节奏的设计。这些技术和策略需要设计师有丰富的实践经验和熟练的技术能力，以实现光效的精确和灵活。

现代技术可以帮助照明设计师更好地理解和分析空间和用户的需求，预测和模拟光影效果，以提升设计的精度和效率。同时，也可以通过智能控制系统，实现光效的动态变化和个性化设置，以增强空间的互动性和体验性。

有意蕴的空间，是照明设计师对光的敬畏、对空间的热爱、对人的关怀的具体表达。它通过光的艺术，揭示空间的内在，引发人的共鸣，使人在感知和思考中体验空间的深度和广度，感受生活的美好和丰富。在这个过程中，照明设计不仅塑造了空间，也塑造了人们的生活和情感，展现了设计的价值和意义。

（六）有教化的诗意照明空间

有教化的空间在景观照明设计中，旨在通过照明手段与策略传达或引导特定的行为、理念，甚至生活方式，它不仅表现为光影效果的直观呈现，也涵盖着设计者对于环境理念、社会教育以及文化传承等方面的深度思考。

在景观照明设计中，实现有教化的空间需要照明设计师准确把握光的物理属性、心理影响以及视觉效果，运用照明技术手段，营造出充满教育意义的环境氛围和体验。

景观照明设计的教育意义并不限于直接的教育和启示，还包括如何通过光影效果增强用户对环境的感知和理解，如何通过光的引导和激励促进用户的互动和学习。例如，通过光的层次和节奏，可以让用户更好地感知空间的比例和关系，理解空间的结构和功能。通过光的色彩和质感，可以引发用户的情感反应，激发用户的创新思考。通过光的动态变化，可以提高用户的注意力，促进用户的探索和发现。

实现有教育意义的空间，不仅需要设计师深入理解光的科学性和艺术性，还需要他们具有跨学科的知识结构和创新思维。例如，他们需要了解人类视觉和认知的基础理论，掌握光的测量和控制技术，熟悉空间和社会的相关知识，掌握各种设计方法和策略。同时，他们还需要结合实践经验和用户反馈，不断调整和优化设计，以满足不断变化的教育目标和需求。

在现代技术的支持下，设计师可以借助先进工具，分析和模拟光影效果，预测用户行为和反馈，以提升设计的精度和效率。通过智能化的照明控制系统，设计师还可以实现光效的动态调整和个性化设置，以增强空间的互动性和体验性。

总的来说，有教育意义的空间是照明设计者利用光的语言，结合教育目标和用户需求，通过空间的照明设计，打造的一个充满启示和引导的学习环境。这种设计方式体现了设计师的专业素养和社会责任，是景观照明设计领域的一种重要实践。

（七）街道的诗意照明

城市街道如同生动的叙事篇章，尽情展现了一座城市的独特性格与风貌。这些街道由无数建筑与曲折的巷弄构成，它们承载并诠释了地方特色，共同勾勒出城市的独特景观。正如城市学者简·雅各布斯在《美国大城市的死与生》一书中所阐述："当我们思考一个城市，首先映入眼帘的便是其街道。街道充满生机，城市便活力四射；街道显得沉闷，城市则失去活力。"城市建筑群作为城市形象的重要标志，是反映城市政治、文化和经济状态的镜面。街道是城市的魂灵和活力所在，只有通过深入研究街道景观设计，我们才能有效地改善城市街道环境，美化城市风景。因此，对街道的研究必然包含了对建筑物的深入探索。

街道景观的观察者并非仅仅是一个外部的旁观者，他们通过参与街道景观内部的活动，投入自己的情感，以此产生对街道及其景观的深刻体验。街道景观主要由两大要素构成：自然景观和人造景观。这两者的比例、规模和位置关系都将决定街道景观的特色和风格。同时，城市的整体面貌，市民的生活方式、审美标准，城市文化的形成都深受街道景观的影响。因此，街道景观的构成不仅包括街道本身的视觉元素，如道路铺装、临街建筑、街道形状等物理要素，也包含了人们进入街道后的感受、活动等主观因素。同时，街道的历史文化和地域文化也是构成城市街道景观的重要元素。随着社会的发展和人们生活水平的提升，夜间生活的品质也受到了人们的高度重视。白天人们面临着工作和学习的压力，夜晚则成了人们释放压力的重要时刻。因此，夜间照明设计的重要性不言而喻，它赋予夜晚的城市街道活力，让城市在夜晚绽放欢快的色彩。

现代街道空间呈现出以下特征：

功能综合化。为了适应现代城市的发展和满足人们日常生活的需求，街道空间已经突破了其早期单一的功能，融合并增添了众多符合大众要求和社会需求的新型城市功能。

形态多样化。街道空间是由多种性质的建筑空间围合形成的，其形态已经从二维平面扩展到复合化、立体化的形态。

良好的交通可达性。街道空间既包含地上交通方式，也涵盖地下交通网络，形成了整个城市的“脉络”。它可以供车辆和行人穿梭游走，具有极高的交通可达性。

具有丰富的文化内涵。街道是展示一个城市人文特色和历史文化的重要舞台，因此许多街道空间会设置具有城市特色的雕塑和景观小品，以体现其地域文化内涵。

1. 街道诗意照明目前面临的问题

当前，街道照明设计普遍呈现出个性化程度不足的现象。在大量街区照明方案中，我们可以观察到一种同质化的趋势，这种趋势表现为对城市历史文化背景的理解和体现不足，对城市整体形象的关注也并不尽如人意。这一情况的具体表现包括：某些街道照明未能有效凸显出当地的文化特色，灯光色彩选择、灯具设计、照明手法等方面的设计过于雷同，形式一致，缺乏独特性。另一方面，有些街道照明的主题表现混乱，没有明确的主次关系，因而缺乏鲜明的个性。

此外，现存的照明设计未能完全融入当地特色，照明设计的风格与街道设计的风格往往无法完全统一，甚至出现照明设计与原有街道设计脱节的情况。这使得两者之间缺乏和谐的互动，而照明设计与当地街道风格之间的对立关系也就更加突出。

在景观照明的设计过程中，光污染问题常常被忽视。部分景观灯光在设计过程中未能充分考虑到当地的生态环境和周边环境，这不仅无法充分发挥其照明的景观效果，反而给街道带来了光污染的问题。

过度强调照明的功能性也是街道照明设计中的一大问题。这导致部分街道空间的照明设计缺乏美感，其形式过于单一乏味，灯光环境则缺乏层次感和韵律感。部分街道照明设计更是出现了“重车轻人”的现象，没有为人们提供充足的照明，从而限制了人们在街道上的公共活动。

街道照明设计的重要性不容忽视。街道照明设计是一个地区科技水平、经济实力、文化素养的体现。人们丰富多彩的夜生活离不开一个舒适的夜间环境，而这种舒适的环境的营造，需要依赖优质的照明设计。有了照明设计的介入，人们可以在街道上进行娱乐休闲、旅游观光等活动。适当的照明运用不仅可以为市民和游客提供更安全的夜间环境，也可以增强城市的活力，塑造街道空间夜晚景观。

街道景观照明艺术设计，是指在街道中运用灯光、色彩，根据街道景观特色打造出集科学性、艺术性为一体的夜间街道空间。设计师们可以通过充分运用光线强弱的变化和色彩的搭配，创造出独特、美丽的街道景观，使得街道在夜幕降临之后依然能够展现出光彩夺目的风采。此外，这种设计也可以充分展现出一个地区特有的风格，吸引游客，推动经济增长，带来社会效益。同时，它也可以丰富街道的空间内容，塑造城市的良好形象。

2. 街道诗意照明艺术的设计原则

街道，作为展现城市形象的窗口，其照明设计尤为重要，以塑造独特的艺术气氛。为达此目标，两个基本原则必须被遵循，即以人为本的原则和照明美学的原则。

从以人为本的视角看，街道照明设计不仅应保证夜间的交通安全，更应综合展示街区的精神内涵与文化底蕴。这要求设计师在照明规划中充分考虑并反映出当地的特色与民俗，以达到真正以人为本的设计目标。虽然街道有其向游客展示当地特色、推动旅游业发展的作用，但其核心更在于为本地居民的日常生活提供便利。因此，街道的景观照明设计应根据当地人们的生活习惯和风俗偏好进行，比如区分南北、东西的文化差异。相比使用高强度灯光或多色跳跃灯光营造夜间环境，有些城市或地区的人们可能更倾向于单色调、低照度的照明设计。这类照明设计可能更注重利用低照度轮廓灯对公共设施、景观构筑物、草坪进行照明，以及使用透光手法处理周边建筑的照明。因此，街道景观照明设计应秉持以人为本的设计原则，尊重当地居民的生活习惯，充分发挥灯光的表现力，以创造出符合当地人心理需求的街道景观照明设计。

照明美学的基本原则也应被严格遵循。街道照明设计应根据街道的空间尺度进行差异化的设计，大尺度的街道夜间景观可被视作一幅大型艺术作品，其中需要考虑到整体的构图平衡和色彩协调。而对于小尺度的街道夜间景观，则需要精心挑选照明元素，并关注元素间的构成关系和色彩关系。在此基础上，街道照明设计也应满足以下几个美学法则：

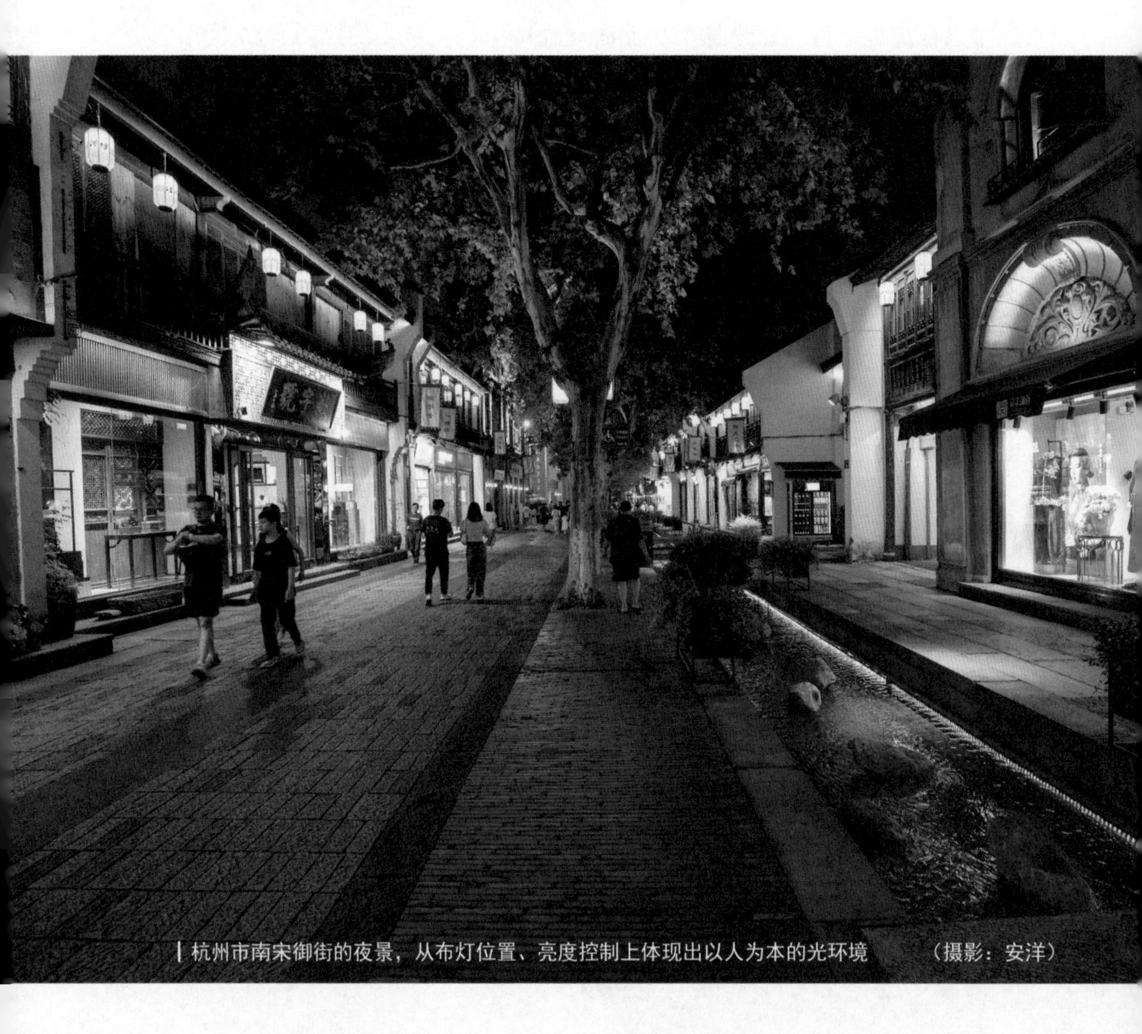

杭州市南宋御街的夜景，从布灯位置、亮度控制上体现出以人为本的光环境 （摄影：安洋）

首先是虚实对比。在街道照明设计理念中，街道照明应是由其两侧建筑围合形成的一个整体空间。照明设计应对两侧的建筑进行光线处理，以衬托出街道空间，虽然被照亮的是建筑，但呈现出来的却是“虚体”的街道空间。这种虚实对比的设计手法使街道照明产生独特的空间感。

其次是显隐结合。街道景观由多种景观元素构成，在分配这些元素时，不仅要遮挡主体部分，也要露出一些次要部分。在景观照明中，可以利用前景的景物进行遮挡，形成似遮非遮、似挡非挡的效果，让背后被照亮的景观成为焦点。这样的设计既能引发观者的想象，又能营造出一种朦胧而含蓄的美感。

最后是明暗对比。光与影是形成照明魅力的关键元素，街道照明设计应从光影艺术的角度出发，运用独特的灯具和布光技巧，创造美妙的光影韵律和明暗效果。通过明暗虚实的变化、冷暖色彩的对比，以及构图秩序、节奏的调整，可以营造出色彩和谐、雅致简约、明暗分明、层次丰富的街道夜间景观。

总之，街道照明设计必须遵循以人为本的原则和照明美学的原则，以满足人们的需求，同时展现城市的美学风采。这不仅有助于提升城市的形象，也将使城市生活更加丰富多彩。

3. 诗意照明与街道空间艺术氛围的营造

创建一种富有层次感的街道景观照明设计对于塑造舒适和统一的空间氛围至关重要。而这个过程需要通过对夜间空间的创新设计和亮度的精准调节，以实现一种跳脱出静态展示的动态效果，从而使得街道夜景独具魅力。

首先，对街道亮度进行合理划分是至关重要的。我们应当将景观建筑视为照明设计的载体，根据其立面的亮度，相应地调整整体环境的亮度。街道的照明亮度应该按等级划分：街道的主要出入口以及主要道路可以被划分为一级亮度；次要的路段和街道弄堂可以被划分为次一级亮度；而边缘区域的亮度设计则应被定义为再次一级的亮度水平。

其次，街道旁建筑的立面照明层次应合理划分。街道旁的建筑立面通常由三个层次组成：第一层次是商铺外延的广告牌和突出的屋檐；第二层次是结构柱的阵列；第三层次则是建筑的墙面和窗户。在设计过程中，我们需要使用灯光来区分这三个层次，塑造出各自独特的立面层次，同时还要考虑到三个立面之间的相互联系，以达到一个相互补充和完善的照明效果。

再次，街道的开合程度也应当被考虑。这一开合程度，既是对景观空间开放性的体现，也是夜间照明光影变化的重要特征。街道的开合和转折可以使明暗对比更为丰富，从而增强夜间的空间感。

我们还需要处理街道的柔性界面，也就是街道上的绿植照明。这一界面不仅是街道夜间照明的重要艺术特征，同时也能使个体照明空间更具特色，还能延展街道的照明空间。举例来说，街道两旁的景观树就是一种很好的柔性界面。这些树既可以使街道空间更加立体，也能利用树影增强街道夜景的视觉美感。柔性界面还可以中和过于硬朗的建筑界面线条，从而起到增加景观层次感的作用。

总之，为塑造富有层次感的街道景观照明，我们需要考虑亮度的合理划分、建筑立面照明的合理层次、街道的开合程度，以及街道柔性界面的处理。这些因素的整合将有助于成功打造一个富有魅力和趣味性的街道夜景空间。

4. 无锡惠山古街诗意照明设计实践案例

惠山古镇位于著名的惠山名胜区东端，地理上的边界从西头的惠山天下第二泉扩展到东端的京杭大运河和黄埠墩，南达到锡山龙光塔北部，北接通惠西路，总面积大约 1 平方公里。这个区域汇聚了丰富的物质和非物质的文化遗产，它作为吴文化展示的中心，具有无锡深厚的历史和人文资源价值。

古镇内的建筑沿着上下河塘、横街、直街这三条主要轴线而布置。在整体照明规划上，我们采用了分层照明策略，以流线建筑立面作为详细分析的基础，使用不同强度的光源作为视觉线索，对道路系统、景观节点、照度水平、色温进行精细化的规划，创建出不同区域的独特氛围。利用多种照明手法，如勾勒、投光灯、内透等，使现代风格与传统风格得以融合，生动地展示了建筑的轮廓与丰富的细部特征。因此，夜晚行走于此，人们仿佛经历了一段从现代都市至传统江南水乡街道的时光之旅。建筑设计以粉墙黛瓦的传统风格为主调，深入融入了江南文化的核心元素。

从规划角度出发，我们将古镇建筑大致划分为四类，并根据各类建筑的特性设计了井然有序的灯光配置。祠堂的灯光以庄重、雅致为基调，其余建筑则选用温馨、自然的灯光，通过建筑檐口的线形光与店招提高环境亮度，既节能又协调统一。照明等级的设定考虑了建筑及节点的特性，以“少即是多”为照明原则，结合建筑本身的特性，注入光的写意手法，形成了光与环境的有机融

照明形式独特而内敛，表达了江南水乡建筑的建筑细节（摄影：安洋）

与植物照明相互映衬，相互配合（摄影：安洋）

合。传统与现代的语言形成了时空的穿越，照明方式也因此产生了相应的变化，为人们带来了别样的照明体验。

山墙部分采用立杆泛光照明手法，精心设计了立杆的位置以及照射角度，以确保光线柔和地照射在山墙面，使得墙面在夜间也能保持其质感。同时，光勾勒出了屋檐，传达了水乡建筑的信息，并突出了建筑的框型。

戏院部分作为互动最多的区域，照明设计重点在于戏台。我们使用大光束角的灯具营造热闹氛围，戏台周围的建筑与戏台相呼应，使得演出的气氛扩散到整个围

突出古建筑的特色元素　（摄影：安洋）

合的场所内。

民宅部分则采用小功率、小光度角的灯具，通过明暗对比，强调其典雅、安静、温馨的照明氛围，体现了建筑小巧精致的风格。屋檐、立柱等具有特色的细部通过灯光进行明暗分明的表现，在整体把控的前提下，注重细节的打造。

状元牌坊位于曲水湾中轴线上，是状元文化辉煌的鲜活载体。牌坊细节丰富，我们利用立杆投光灯从牌坊两侧交叉投射，既能均匀照亮牌坊，突出其重要性，又能保留石材的立体感。局部还辅以小功率投光灯进行重点刻画，使牌坊的壮观与细腻表现得

尽量少采用照明，写意地传达出街道的自然、温馨的夜环境　（摄影：安洋）

无锡惠山古镇的夜景呈现自然、诗意、悠闲的栖居环境　（摄影：安洋）

淋漓尽致。此外，我们也在街道的建筑群内寻找空间交汇处，以便进行重点照明设计。

（八）现代公园诗意照明

现代城市公园是由水体、植物、休息座椅、娱乐休闲设施、休闲步道、休闲广场、灯具、景观小品等多种景观元素组成的。城市公园是一种城市氛围的构成，能够给在城市居住的人们提供日常的室外休憩场地，提供更加亲近自然的娱乐场地，同时还可以展示地域特色。而公园景观设计就是通过各种元素的巧妙搭配来制造出千变万化、有趣味性的景致，用人工的手法来创造各种场景，为城市居民提供集中而各具特色的公共活动绿地。

公园按照景观类型可分为综合公园、主题公园和绿地公园三类。

综合公园：综合公园一般规模较大，各项设施、功能齐全。人们在其中的活动较为丰富，公园所包括内容也较多，广场、步道、水景、绿地、小品以及服务型建筑等。

主题公园：主题公园的景观与公园的主题密切相关，不同性质的公园其侧重点也不同。例如：纪念性公园内的景观多是纪念性的雕塑或景墙；儿童公园内的景观则多为带有娱乐性质的游乐设施和充满童趣的卡通小品；以动植物为主题的公园景观多为具有自然特征的山石、树木或者木质的人造景观。

绿地公园：绿地公园中树木植被占据了大量的比重，而人造硬质景观所占比重较小。绿地公园中的景观以树木为主，硬质景观多为凉亭、座椅或雕塑小品。

1. 公园诗意照明发展现状与问题

近几年，城市公园照明往往没有得到其应有的重视，还存在很多问题需要解决。

很多公园的灯光布置没有从艺术设计的角度去考虑，特别是对于灯具的选择。大型综合公园的灯具使用量非常大，灯具也是整个公园重要的视觉元素。目前很多公园中只是随意地搭配灯具，只注重对亮度的追求，对灯具选型缺乏美感。导致很多公园的形象出现同质化现象，灯具的造型也与整个公园风格不匹配。

第一，意境氛围不突出。意境是公园景观的灵魂所在，而国内很多公园的景观照明没有对意境进行很好的塑造，导致公园艺术特色不明显、公园夜间景观空间缺少层次感和韵味，导致夜景的意境氛围不明确，出现“千园一面”的现象。

第二，灯光没有整体规划，细节处理不当。公园夜间景观是一个整体，而今天的公园夜间景观缺少整体布局和规划。有些城市公园各区域的景观照明“各自为政”，不考虑周围环境，也没有考虑灯光之间的搭配，导致公园特色难以突出，整体灯光杂乱无序。有些公园景观灯光设计缺少对细节的把握，在台阶、坐凳、步道等细节部分没有设置灯光这些细节的缺失会导致人们行动不便，也会带给人们心理上的不适感。

第三，地域特色不明显。我国民族众多、幅员辽阔，各个地区都有自己的风俗习惯和文化内涵。但是今天很多城市公园的夜间景观都过于相似，没有特色，不能很好地展示各个城市独有的地域魅力。

第四，缺少人性化思考。在进行公园景观照明设计时，需要对公园的场地进行调研，对使用者进行充分分析，和公园管理者进行沟通交流，才能了解人们的使用需求和心理需求，从而在设计中遵循以人为本的设计理念。很多公园没有针对不同的区域、不同的人流量来设置不同亮度的照明，在导致资源浪费的同时也不能很好地满足人们的活动需求。还有一些公园的景观照明喜欢追赶潮流，在节日频繁更换灯光设备，虽然在一定程度上迎合了节日气氛，但没有充分考虑人们的心理和生理的适应性，造成资源的浪费，公园景观照明是为人们在公园中进行夜间活动而设计的，过度注重节日照明会本末倒置，忽视以人为本的设计原则。

第五，存在安全隐患。由于公园面积较大，有些设计师没有进行很好的规划布局，导致有很多地方存在照明死角，照明亮度不足以给人们提供良好的夜间出行条件，这种环境也容易滋生抢劫、盗窃等犯罪行为。有一些灯具本身也存在一些安全隐患，如暴露的设置可能会造成儿童触电危险。同时，有些公园没有很好的管理体制，一些灯具损坏之后无人修理，不仅导致照明设备残缺不全，也会影响到白天的景观，更会影响游人的心理舒适度和安全感。

2. 公园绿地诗意照明的设计理念

园林景观夜景的建造方式与园林实体的新建或扩建是不同的。光作为一种特殊的介质，附加在园林中的载体上，白天和黑夜呈现出完全不同的景观效果。白天，用来照明的灯具既可被强化，一起组成园林景观的一部分，也可以被弱化甚至直至不见；到了夜晚，园林中的亭台楼阁、花草树木在灯光的照射下，

南京熙南里甘熙故居，植物投影在粉墙上　（摄影：梁勇）

有的被强调、有的被弱化、有的被再现、有的被藏匿。所以，作为城市园林中的夜景观，不能只是简单地照亮景物，还需要通过光线的变化，来展现蕴含在景观空间之中的审美趣味。

中国园林讲究的是“虽由人作，宛自天成”，构成园林的基本要素内容是建筑物、水景、植物。在这些山水交融的环境中，人们走进园林，精神得到了放松，直接感受到园林的外在之美，带来无限美的享受。除了自然的园林之美，更重要的是园林内在的艺术造诣。欣赏园林，如同在欣赏中国的山水画卷，如同在欣赏中国的诗词文学，这才是更高层次的“得意忘形”“得意忘象”的审美经验。

园林美学光环境营造需要考虑到景观的特点和需求，通过灯光的造型、色彩、亮度和动态变化等手法，营造出多层次、多维度的光环境。比如，在塑造建筑轮廓时，适当使用亮度较高的光源，使建筑轮廓更加突出；在营造流线和景色渗透时，可以采用颜色渐变的灯光，使流线更加自然流畅，使景色更加自然地呈现。此外，还可以运用动态灯光，创造出丰富多彩的光环境，增强夜间园林景观的魅力和吸引力。总之，园林美学光环境营造需要综合考虑景观特点、灯光技术和审美需求，创造出富有诗意、生动、自然、舒适的光环境，让人们在其中得到真正的美学享受。

园林美学中的光影变化也是非常重要的一环。通过合理运用光影的变化，可以创造出不同于白天的景色美学，让人们在夜晚感受到园林景观的独特魅力和韵味。在园林美学光环境营造中，光影变化的运用需要考虑到景观的特点和需求，以及人们在其中的感知和情感变化。

3. 公园绿地诗意照明的设计类型

在众多城市空间中，公园绿地是被广大人民群众所喜爱的夜间活动场所，也是在夜间人们停留时间较长的地方。这和公园有着多种休息设施、人性化的休闲步道、有趣的照明设计有很大的关系。

公园主要具有生态功能、休闲观光功能、传递文化功能这三大功能。这里根据公园绿地的性质和特征把公园景观照明主要分为硬质景观照明和软质景观照明这两大类进行讨论。

第一，硬质景观照明设计。公园景观中的硬质景观主要有山石、道路、建筑、园林小品、景观雕塑、户外休闲运动设施、休闲广场等。而这些硬质景观的夜间照明设计追求的灯光效果和艺术氛围也各不相同，在处理硬质景观的夜间灯光时，不能一概而论，应该具体问题具体分析，例如公园绿地景观中的雕塑小品应该突出其个性，采用独特的照明灯光。硬质景观和软质景观截然不同，它们的形态、质感完全不同，硬质景观主要强调的是其硬朗的外形、独特生动的造型。应该用灯具在空间中相应的角度和位置进行设计，重点刻画硬质景观点、线、面的独特外形和质感，给人们带来独特的视觉体验。

第二，软质景观照明设计。软质景观主要是指草坪、树木等自然植物形成的景观。软质景观可以供人们观赏，根据不同的类型，组合成丰富的植物景观，也可以起到分隔空间的作用。在夏天，还可以供人们遮阳，同时对土地可以起到防止水土流失的作用。植物主要分为草坪、花卉、树木等，具体又分为乔木类、灌木类、藤木类、露地花卉、温室花卉、冷季型草坪、暖季型草坪。每种植物都有其独特的生长方式，我们在设计植物照明的灯光时，应该充分考虑到每种植物的生长习性，针对不同种类植物所需要的光照调整其照明灯光的亮度、色温强度等。

浙江衢州开化南湖公园，闲适温馨的公园夜景，给人以放松、愉悦的感受　（摄影：梁勇）

4. 公园绿地诗意照明的美学层次

第一，自然美。自然是一个极其重要而又富有美学内涵的概念，园林景观的照明首先要突出园林的自然之美，实现人与自然的和谐共生。在夜景照明设计中，通过采用低照度和柔和的灯光，尽可能地减少光污染和能源浪费，达到对自然的尊重和保护。同时，采用“月光照明”和“低照度照明”，借助自然元素，如月光、星光、水流声等进行照明设计，使人感受到大自然的神秘与韵律，营造出一种舒适、宁静的感觉。通过将人类的活动与自然的节律融合，达到“天人合一”的状态，真正实现人与自然和谐共生的目标。让整个夜环境温馨恬静地与人们的生活相伴。

第二，情感美。园林景观照明应该与造园艺术一样，夜景的设计不仅可以让人们感受到美丽的景色，还可以激发人们的想象力和创造力，让人们的精神

杭州西湖天下景的照明主次分明、明暗有序 （摄影：安洋）

与夜景融为一体，形成一种精神上的艺术境界，同时也可以增强城市的文化底蕴和历史感。光不是与园林载体简单地结合，而是要呈现美的意境，是“情的艺术”，在自然地照亮园林中载体的同时，对园林中的假山、壁画、牌匾均需要强调突出，要想使夜间的景观不偏离最初造园的构图、意境，灯光同样要采用选择性和连续性来营造园林夜景，利用灯光的塑造准确地描绘出园林景观元素的整体布局，如空间构成和主次等级等。

杭州西湖白苏二公祠的照明非常简洁，门头采用投光灯创造空间的明暗交替变化，借助月光照明的方式，营造出“粉墙花影自重重”的意境，提升了现代景观照明的内在情感，丰富了夜景观的文化内涵层次。

在艺术照明中的“留黑”原则和绘画中的“留白”一样，就是以空白为载体进而渲染出美的意境，营造出具有艺术感和诗意美感的夜景效果。同时，在

杭州西湖临水的水榭　（摄影：安洋）

照明设计中，留下一些黑暗的区域，可以让光线和阴影更加凸显，创造出更加丰富的层次感和神秘感，增强了整个景观的灵性和韵律美。因此，在进行艺术照明设计时，要充分考虑灯光的虚实、疏密、藏露等营造方式和留黑原则，以创造出更加具有意境美感的夜景效果。并从中归纳出最具魅力的艺术意象，通过精细的工艺处理，将其融入园内，使其理想地重现自然风光。绍兴环城河的夜景照明，用写意的手法，突出阁体的亮度，周边的植物起到朦胧的衬托作用，创造出寓情于景、情景交融的意境。

第三，创意美。随着灯具形式及科技的发展，很多常态的表现形式可以在园林夜景中做非常态的表现，园林作为一个艺术空间，是立体的、多维的，从美学范畴上讲，同样具有统一性的美学规律，在进行创意性的灯光设计时，是把光作为一种工具，园林作为一种载体进行作画，呈现以小见大，有藏有露，诗情画意，通过不同的艺术手法与园林夜景融合在一起，营造一种大的氛围和环境，传达出精神和情感。特别是近几年来，随着新材料、新技术在夜景中的使用，投影、水幕、激光等形式的使用，可以起到锦上添花的作用，让景物蕴

无锡惠山古镇步行街内透的窗花，传达出温馨的烟火气　（摄影：安洋）

藏文化，文化为景物增彩。

5. 公园绿地诗意照明的表现载体

构筑物在园林中的形式多种多样，有殿、亭、台、楼、阁、廊、舫等。常见的亭、廊、榭等形式造型轻巧、活泼，很多都是对称布置，并通过实墙分隔了空间，起到遮挡作用，产生曲径通幽的感觉。

园林中构筑物的照明形式多样，应该从结构、造型、空间来处理，表现其屋顶、屋面、斗拱、檐口等结构，再到构筑物的整体布局，形成生动、富有生

杭州西湖白苏二公祠的照明主次分明、明暗有序　（摄影：安洋）

气的夜景景观，需要考虑灯具的外观造型和大小是否与古建筑相协调。尽量做到见光不见灯；对于古建筑的花窗、门框等特色部位需要灯光的强调，形成框景的效果，把自然风景通过窗门框起来，如同一幅自然生动的画面，起到强调园景的作用；镂空的花窗，采用小巧的线条灯照亮，既突出了花窗的特色，又使得内外景色相互借景，完全通透，浑然一体。凸显自然风景和营造幽静自然、古典历史文化内涵和底蕴的意境与审美情趣。

绍兴环城河的夜景突现重点 （摄影：安洋）

亭子是园林建筑中最常见的构筑物，它既是游客休憩的场所，也是园林中的重要景点。建筑的形式多种多样，按照屋顶的形状分为三角亭、四角亭、六角亭、八角亭、圆形亭；根据房顶形状，有攒尖亭、歇山亭；设置的位置随意自然，路边桥头、绿地水岸，都可以设亭。

亭的特色是屋顶曲线上扬，檐部如翼轻展，这种飞檐翼角的匠心独创，这种美丽而强大的形象感动了许多文人墨客，他们将其化为了一些深受人民喜爱

南京熙南里甘熙故居内廊悬挂的古典灯笼　（摄影：安洋）

杭州西湖慕才亭的照明突出灵动的飞檐　（摄影：梁勇）

的诗篇。例如《阿房宫赋》中“檐牙高啄”“钩心斗角”，生动地展现了亭台楼阁各种屋檐的翼角、错落有致的群体组合，彼此照映。又如宋代欧阳修在《醉翁亭记》中写道:“峰回路转，有亭翼然临于泉上者，醉翁亭也。”文中描绘了一座亭子矗立于悬崖飞泉之上，屋檐翘角似鸟翅般张开，更显得作者心境飘逸，仿佛化成一位醉翁。通过照明强调，突出体现屋顶曲线，让构筑物本来的静态化为动态，显得轻盈俏丽、翩翩欲飞，传递出亭子早已具备始终传承的一个显著特征——飞动。在夜间应该通过光影丰富它自身的造型，同时

无锡惠山古镇步行街中静谧水面上的倒影，丰富了夜景的元素　（摄影：安洋）

为园林增添美景。

廊道形状远程透视，透光透气，将景观点与景观点连接，是一种起到引导作用，又能提供欣赏体验的构筑形式。照明中通过灯笼、壁灯等形式，以点连线，起到串联的作用。

榭一般是临水与花畔借以成景。精致开敞、简洁雅致，是构成景点最动人的建筑形式之一，近可观赏游鱼或品评花木，远可极目眺望，夜景的营造可结合水体，它的倒影可以丰富水体夜景观。

植物作为园林中的景观主角，是不可缺少的陪衬，缺少植物整个园林就缺少生气。“有名园而无佳卉，犹金屋之鲜丽人”，种类繁多的绿植，不同地区的植物分布不尽相同，而且根据季节的变化，其空间结构也会有所有变化，使得园林景观充满华丽斑斓的绚丽色彩。

植物照明既丰富了夜间的景观又起到了功能性照明的作用，作为夜景观赏的重要组成部分，起到了各景点之间的连接和过渡作用。在把控好整个园区的植物主色调，对园林中的植物进行夜景设计时，首先要考虑植物的生长情况，要对每种植物的树形、叶形、叶色、花期、枝干颜色和形态等特点进行仔细分析，特别关注那些形状美观、颜色绚丽、观赏价值高的植物，对其实施重点照明，将其凸显在夜色之中。不管是直接观赏植物的形态，还是观赏其倒影的形态，无论是经过精心雕琢的景观树木还是栽植组合而成的盆景，在夜间引入植物照明，都将为夜晚的游园观赏打造出另一番景色。

园林中的水景，是造园中不可缺少的部分，水景能使整个园林显得灵动不呆板，现代的城市园林中，很多水景通过施工模拟自然，来营造湖、池、溪、瀑等，可以分为静态和动态形态。大面积的静态的湖、池在夜间成为一种底色，夜景的美，体现在水中波光粼粼的倒影美上，周边照亮的景观倒映在水中，涵映出翠树秀木、屋宇楼台。与天上的明月，上下辉映，水中争荣，给幽静的园林夜空增添了许多情趣。在这种情况下，需要考虑到水体倒影对建筑物和绿植照明的影响，因此需要恰当地采用多样化的光色，以此打造出更为优美的效果。产生波光潋滟的斑斓效果。

流动的水相较于静止的水更加具有表现力。水流的起伏跌宕能够对光线起到反射和吸收的作用，在灯光的照射下，产生多变的视觉效果。

小面积动态的溪、瀑、泉，在有意识地使用投光灯具照亮水面时，水波荡漾、水花闪烁，形成粼粼的动态效果，加之雾森系统的设置，呈现虚实变换的视觉之美。在汩汩的水流声中，“何必丝竹声，流水有清音”，提升了园林的高境界。

溪涧的形式呈带形，对于溪流的照明，通过在溪流底部、落差处或岩壁上随意安装水下灯具的方式来实现灯光效果，在水中形成漂亮的倒影。从高处流出的瀑布，存在一定的落差，可以协调周围环境，采用变色的水下灯置于水落下的位置。对于水量小但落差大的人工瀑布来讲，比较容易产生跌落的水幕，通过水下灯向上照射，让灯光照亮水幕，形成彩色的镜面效果，自然地融入水幕之中；当水流量较大时，跌水会产生很多水泡，利用水下灯照亮跌水，形成动态的彩色水泡翻腾效果。

喷泉可以采用水下布光的照明手法。现在又有旱喷、水喷、涌泉、喷雾等几种形式，一般都与照明配套使用。

在城市园林景观中，诗意照明的表达是一种非常重要的设计手段，能够增强景观的艺术感和文化内涵，提高公共空间的品质与舒适度。通过对城市园林景观中诗意照明的研究，我们可以得出以下结论：

首先，诗意照明的表达应该具有创意性和艺术性。设计师应该运用创新的设计思路，有成法而无定式，将意境融入景观中，形成一种独特的艺术形态，

京杭大运河杭州段水边的雾森系统（摄影：梁勇）

动态水面的倒影，虚实互生（来自摄图网）

让灯光的色彩变换、光线的明暗转换，运用静动的设计手法，结合园林中空间的虚实对比、起伏、显露和隐藏等，从而营造出一种独特的氛围效果，增强景观的艺术感。

其次，诗意照明的表达应该符合景观主题和文化内涵。设计师需要通过深入研究城市园林景观的历史、文化和特点等方面，将照明设计与景观融合，表达出景观的主题和文化内涵，达到一种和谐统一的效果。

最后，诗意照明的表达应该满足人们的需求。设计师应该根据不同的场景和使用需求，选择合适的照明灯具和照明方式，提高景观的舒适度和品质，同时也要考虑到节能环保等方面的问题。

6. 公园绿地诗意照明的设计营造

光影变化。在公园景观照明的设计中离不开对光与影的关注，光影的并存

濒临水岸线的照明起到警示作用　　（摄影：梁勇）

才构成了完整的照明设计形态，同时光与影的变换营造了空间的氛围。光与影不仅可以表现出很好的艺术效果，通过光与影的不断变换，还可以给予观赏者不同的心理感受，引起观赏者的无限联想。在公园中可以利用光影来创造层次丰富的空间环境，营造出可游、可思、可品的意境。

明暗对比。由于人眼具有感光特征，所以人们的视线通常会被明亮的事物所吸引。而我们可以利用这一特点，把公园中景观照明的明暗对比进行合理设计。光影的明暗对比不仅可以形成视觉中心，突出景观主题，还可以丰富空间的层次感，使空间光影效果丰富而不杂乱。因此，在公园绿地景观空间中可以把想要展现的主要景观用强于其他景观的亮度展示出来。

虚实变化。在夜晚，我们一般把将灯光下清晰可见的景看作实景，模糊和无法看清的景就是虚景。影也是虚景的一部分，光影没有明确的界限，光强则影强，光弱则影弱。在强光的照射下，能够显现景物的立体感、增大物体的体量以及拓宽空间尺度；弱光则反之。光影的虚实可以理解为夜景中可见光与没有边际的影的组合关系，也可理解为实际存在的景与某种意境、虚幻的景所形成的意境。这种设计可以利用投影或是其他光学设备形成一种有空间感却没有实体的“虚空间”，这种虚空间可以造就夜间的公园的独特氛围。

动静相宜。静态光和动态光会给人带来不同的心理感受，其所呈现出的艺术效果和照明效果也不相同。有节奏感的照明布置是呈现动态灯光效果的手段之一，它可以使死气沉沉的公园更有活力，使公园夜景更有节奏感和动感。而静态的灯光则会使公园空间更加静谧、空灵。

虽然比起动态灯光，静态灯光吸引观者注意力的能力要低一点儿，但是在追求宁静氛围的公园中，如果设计动态的灯光过多就会破坏这种氛围感，我们可以用线光源来勾勒桥体和水岸的边缘，这时，由于水面具有投射作用，在静态灯光的照射下可以使桥在水面上形成柔美的倒影，这样不仅可以使水生植物、桥的轮廓很好地展示出来，还可以强化水体的边缘，有效地提醒人们小心落水。而动态灯光比较适合制造一些欢快、热闹的氛围，动态灯光更能调动人们的情绪。可以在特殊节日时，用动态的水幕表演来活跃节日氛围。综上所述，只有合理地处理好光影的动静关系，才能充分地营造好的公园夜间景观的艺术氛围。

巧妙布局。公园里的灯具种类繁多，不同种类的灯具布局形式也不同，其光源的表现方式也不同，这就要求我们应该合理安排灯具的位置。我们在进行灯具的布局时，应当繁简适宜，如果布局过于简单会使观赏者感到单调乏味，而如果过于复杂烦琐就会导致杂乱烦冗、缺少美感。合理的布局可以使照度合理，同时也可以使装饰更加有韵律感和艺术感。公园里灯具的布局应该在满足实用功能的前提下，结合周围的环境运用艺术构成的手法合理布局。

7. 海宁鹃湖公园诗意照明设计实践案例

鹃湖公园位于嘉兴海宁新城的核心区域，是城区中最大的人工湖，环湖区域绿树成荫，风景如画，美不胜收。然而，该公园内的休闲和娱乐设施相对陈旧，功能单一，无法满足市民对于休闲、康养、游乐等多元化需求。因此，为了将鹃湖公园打造成新城的心脏、绿色中心和文化高地，在 2021 年展开了城市微更新的建设工作，全面提升公园的环境品质，并带来焕然一新的视觉效果。微更新工程主要包括景观品质的提升和光环境品质的提升。

我们的目标是打造一个充满活力、动感和令人惊艳的城区门户形象，创造

海宁鹃湖公园的夜景，加入灯光小品，丰富了夜态　（摄影：梁勇）

一个现代、互动、智慧和绿色的城市会客厅。为了实现这一目标，我们对慢行系统、场地设施、智能化服务和夜景照明等方面进行了整体提升，希望为公园的景观风貌和公共设施注入新的生命力。

鹃湖公园的林木繁茂，每走一步都能换一种视角，空间感变化丰富，为夜景提升工程提供了良好的基础。然而，我们也意识到存在着一些问题和挑战。首先，功能照明覆盖不全面，存在夜间出行的安全隐患。其次，夜景观的连续性和层次性不足，缺乏对游客的吸引力和观赏性。此外，休闲活动类型单一，体验感差，难以满足不同年龄层人群的多样化需求。最后，现有的管理和控制方式落后，光环境模式单一，维护效率较低。

为了解决上述问题，并与总体目标紧密结合，我们对光环境这一层面进行了深入的探讨，并从城市微更新的角度，提出了以下设计策略：

首先，将充分利用鹃湖公园现有的景观肌理和地貌特点，以树木为主题，

人灯互动的照明环境，丰富了夜态 （摄影：梁勇）

沿湖绿化照亮形成连续的灯光界面，以尽量少的灯光，营造绿色生态的环湖夜空间（摄影：梁勇）

以湖水为镜子，展现自然景观的光影特色。这样的光绘景设计能够因地制宜，将公园的自然美与光影艺术结合。

其次，我们将通过深入研究鹃湖公园夜间的人性特征，重点完善和优化慢行空间系统的光环境品质，力争打造一个人性化、宜居化的光影公园。将考虑人们在夜间的行为习惯和需求，提供舒适宜人的光环境，使人们在公园中感受到愉悦和放松。

此外，针对不同的使用人群，将在环湖区域划分出若干光影体验节点，形成各具特色的夜游景点，以此提升空间活力，挖掘场地价值。这样的设计能够为市民和游客提供更多选择，满足他们多样化的需求。

最后，将建立集约化、智能化的管理和控制系统，打造一个智慧、高效、便捷、灵活的管理工具和模式。这样的智运营设计能够提高管理效率，降低能耗，为公园的可持续发展提供支持。

通过以上四个方面的细致工作，整个鹃湖公园的光环境能够呈现出清新、典雅、活力、趣味并富有智慧感的新风貌，提供给市民一种全新的国际化滨水光环境体验。

在城市规划设计中，对鹃湖公园滨水景观的系统性理解与设计，以及对该地区丰富的空间变化的认识和处理，都是至关重要的。设计中的主要问题不仅仅在于如何保持区域多样性与总体整齐性之间的平衡，更要在整体设计的基础上寻求创新性。为此，我们进行了一系列深入的分析和研究，依托现存环境、人行特征以及更新目标等多个因素，最终制定了包括垂直分层、水平分区、多维体验以及典雅灵动在内的四个主要设计原则和策略。

垂直分层的设计策略从空间的垂直高度上进行光环境设计的分层处理。鹃湖公园周边建筑相对较少，建筑群相对远离湖区岸线，形成了一条独特的天际线，处于远景层次中。然而，当人们在滨水区域中，最为引人注目的景观载体是环湖滨水绿化，这也是视野中占据主要位置的景观元素。这使得绿化立面的照明成了在垂直维度上最重要的光影表达元素。同时，视野低位的水面通过其水面倒影，以岸线为轴，在垂直维度上增加了一个光影层次，这无疑极大地丰富了空间在纵向上的视觉体验。

环湖滨水的照明，增加了灯光小品，丰富了水面内容 （摄影：梁勇）

水平分区的设计策略主要从空间的水平分布上进行光环境的分区设计，以凸显区域特色。鹃湖公园滨水片区总面积约1.21平方公里，根据湖区的功能及景观组成要素，形成了“一带五区，众星环璧”的分区格局。在这次的微更新设计中，环湖慢行系统成了品质升级的重点内容。这条环湖的光带，如同夜晚的流金岁月，串联起各个场所空间，连接起公园、密林、木栈道、跌水步道、滨水广场等多个场所区域，和湖心岛一起，构成了丰富多彩的“一带五区”光影景观。同时，沿途的夜景观小品和节点如同繁星点点，围绕着湖心岛的亮点，形成了独特的“众星环璧”景观。

在考虑到多维体验的设计策略时，我们特别强调了视觉体验的丰富性、多样性和参与性。设计中充分考虑了不同的观看人群在不同视角下的感受，主要从在高层建筑上俯瞰湖面的全景效果、游人环湖游览的轨迹以及绿化环绕的滨水游道中体验沉浸式的光影空间三个维度进行光环境效果的组织。这样的设计可以使观者在公园中获得愉悦的视觉体验，感受到空间的层次感和魅力。

通过以上的设计原则和策略，我们将为鹃湖公园的光环境注入新的活力和魅力，为市民和游客提供一个全新的滨水光环境体验。同时，我们还强调了对鹃湖公园滨水景观的系统性理解与设计，以及对该地区丰富的空间变化的认识和处理。通过综合考虑垂直分层、水平分区、多维体验和典雅灵动等设计原则，我们将为公园的光环境打造一个充满创新性和多样性的设计方案。

总的来说，鹃湖公园的光环境提升设计方案通过多种手段和策略，实现了对公园环境的全面提升和改造。通过优化景观品质和光环境品质，提升公园的环境品质和视觉效果，满足市民对休闲、康养、游乐等多元化需求。同时，通过智慧化的管理和控制系统，提高管理效率和节能效果，为公园的可持续发展提供支持。期待通过这些努力，鹃湖公园能够成为新城的心脏、绿色中心和文化高地，为市民提供一个全新的滨水光环境体验。

四、滨水公共空间照明提升

（一）滨水区景观特征

城市滨水区域，可被定义为城市中陆域与水域相接的特定区域，一般包含水域、水际线以及陆地三个主要构成部分。滨水景观地理位置独特，位于陆地与水之间，其景观内涵主要融合了自然风景的特色与滨水区人文景观的建设。滨水空间，作为陆地与水面交接的空间，横向上从水面到城市建筑，依次展开为水域、驳岸、林带、滨水公园以及沿江大道。作为城市景观中具有特殊性的一种景观形态，滨水区不仅能体现出一个城市的生态环境质量，同时也能展示城市的空间魅力。

滨水景观的设计，不能脱离城市的整体风格而独立进行。滨水区在城市的发展历程中，经历了无数的沧桑变化，它如一部活生生的历史长卷，记录并见证了城市生活、历史和文化的发展与变迁。许多风土人情和地域文化，都在这一区域得以保存，并由此，滨水区成了承载当地深厚文化底蕴的独特区域。因此，在设计滨水景观照明时，应充分调研地区的地域特色、历史文化、风俗习惯的内涵，并结合其他城市的成功经验，以期打造出具有当地地域特色的滨水景观照明。

滨水区，由于其独特的地理风貌，成了展示城市个性的极佳场地。开阔的水面赋予滨水环境独特的开放性，同时，水面也为城市和建筑提供了绝佳的观

强调滨水空间观景平台处的节点，丰富视觉的元素 （摄影：梁勇）

赏视点。照明设计的加入，使得滨水区在夜间成为展示城市连续景观的重要载体。因此，滨水区的发展，对于促进城市环境的发展，具有重要的推动作用。

（二）滨水区诗意照明发展现状与问题

在我国城市滨江路的早期建设中，照明方式的选择往往过于单一，与城市商业区丰富多样的夜间照明形式形成了鲜明的对比。这种现象导致滨水景观照明的发展面临一系列问题：

滨水景观的照明与城市整体照明效果的不一致性。这种不协调之处不仅影响了城市的整体视觉效果，更可能削弱了滨水区域的吸引力。

景观照明设计缺乏地域特色，同质化现象严重。滨水景观的照明设计过于强调滨水空间的结构，却忽视了滨水空间的精神文化表达，也忽略了当地人文特色的融入，这使得其缺乏地域性特点，无法充分体现出滨水区域的独特魅力。

照明灯具造型与周围环境的搭配存在设计不足。灯具造型设计未能充分融入滨水环境中，与周围环境的协调性不强，这在一定程度上削弱了滨水景观的整体美感。

夜景照明过于注重经济效益，有些地区只在节假日或旅游出行高峰期才对外开放某些照明设备，这使得照明设备丧失了其原本的功能，不能充分发挥其照明和装饰的双重作用。

滨水景观带的照明层次也存在混乱。一些水体的照明忽略了岸线照明，驳岸的照明灯具设置稀疏，照明方式简单，主要以路灯为主。滨水公园中的植物照明光色单一，沿江步道上的行道树未设置照明，绿化带照明缺乏形式感。临水的建筑立面灯光色彩不统一，没有体现出建筑轮廓照明线条的连续性和韵律感。

滨水空间照明存在光污染问题。城市间的灯光亮度竞争导致光污染问题的产生。例如，过度的滨水空间照明会对滨水区的植物造成严重影响，滨水雕塑灯光的投射角度产生的眩光则可能影响人们夜间的出行安全。

（三）诗意照明在滨水景观中的重要性

照明设计并非仅是对公共空间的一种解读，其更深层的含义在于对人类意识和记忆的提炼与展示。城市的独特特色与文化，构成了我们共享的记忆图景。通过照明设计，这些共享的记忆得以放大，引领人们去阅读，去体验，从而优化和提升城市的形象。

城市滨水区，作为一个城市与自然融合的通道，拥有特殊的城市结构特征。适当的照明设计可以让这些特性更加突出，使城市的形象得到全方位的改善与提升。而不仅仅在视觉上，这种优化还将为城市的经济发展带来积极的推动。

滨水区具有独特的魅力，作为城市中一个特殊的活动中心，有能力吸引人们前来参与夜间活动。这不仅丰富了市民的夜间生活，也为滨水区的经济发展注入了活力。在这种背景下，照明设计的重要性更加明显。

现代社会的发展速度持续加快，城市中心被越来越多的办公和商业空间所占据，人们生活的节奏也随之加快，压力不断累积。与此同时，滨水区成了人们释放压力的理想场所。工作一天后，人们可以前往滨水区，感受晚风，漫步于水边，目光所及皆是开阔的水面，这都能帮助人们有效地释放压力。而在此时，恰到好处的照明设计能够发挥滨水区的魅力，吸引更多的人前来。这正是照明设计与滨水区艺术氛围营造的无比重要之处。

（四）滨水景观中的夜景打造的意义

精准规划滨水区的灯光强度。一个高质量的照明设计应考虑如何合理区分灯光强度。若区域内的灯光亮度一致，可能导致整体夜景的视觉感受混乱且缺乏层次感。因此，应该对滨水区的灯光亮度做出差异化的规划，如在关键区域使用较强的灯光以凸显主题，而在次要的景观区则降低亮度，以此构建出层次丰富且各具特色的照明效果。

打造充满活力的灯光效果。通过合理营造动态灯光效果，滨水区的照明可以带给观者强烈的视觉冲击。设计者应在灯光的闪烁频率和次数上下功夫，以在动静之间创造出独特的节奏感。

场景感的营造。滨水区照明设计的另一个重要环节是科技的融入，其目的是增强观者的整体感官体验。例如，可以引入视觉和听觉元素，创造出声光交织的艺术氛围。利用滨水区域的地形特征，将整个滨水空间塑造成一个大型场景，通过不同强度、不同色彩的灯光渲染，营造出富有深度的空间层次感。

合理搭配光色。在滨水景观的照明设计中，颜色搭配与区域划分的技巧尤为关键。将不同的区域配以不同色彩的灯光，能使景观的层次感和节奏感更为丰富，同时创造出独特的艺术氛围。

佛塔在山体照明的映衬下，显现出庄严的佛教元素　（摄影：梁勇）

营造富有内涵的景观照明。在滨水区的景观照明设计中，需要强调亲水空间的照明，并针对符合当地文化特色的景观构筑物进行重点照明，这样才能够让参与者更深入地感受和理解当地文化。设计师不仅要关注小的景观点的照明，更要拥有全局意识，注意通过照明设计对整个景观环境空间的审美进行把控。

（五）龙泉瓯江“一江两岸”诗意照明设计实践案例

龙泉，这座得天独厚的城市，坐落于浙江西南边陲，以其丰富的自然和人文景观资源而闻名。作为国家历史文化名城，龙泉不仅山川秀美，更是人文荟萃。其山峰峻拔，林海浩渺，为江浙之巅，森林覆盖率达到了惊人的 84.4%，赢得了“浙南林海”的美誉。此外，龙泉的水源，是瓯江、闽江、钱塘江三江的源头，被誉为“三江之源”。这座城市还以其青瓷和宝剑而闻名，被誉为“青

瓷之都”和“宝剑之邦”，同时也是浙江西部的菌菇之源和山水生态城市。

回溯历史，龙泉人民在数千年前就已依水而生、因水而兴，与水和谐共生。早在古代，龙泉青瓷就通过瓯江源源不断地运往世界各地，使龙泉成为我国海上丝绸之路的重要起始点之一。瓯江，这条文明古今的“黄金水道”，至今仍保留着许多历史印迹。

在龙泉市的城市规划中，瓯江被赋予了发展之带、生态之核、城市之魂的重要地位。其两侧景观照明的规划和整改，不仅吸引周边游客前来观光度假，还进一步改善了市民的生活环境，给城市文化建设带来极大的提升。瓯江的夜景照明范围广泛，包括城区内的建筑、绿化、水体、公共开放空间、功能性道路、广告标识及临时性灯光表演等，岸线全长为 5 公里。

打造瓯江两岸的夜景观，还河于民，使其成为龙泉市民重要的休闲、娱乐场所（摄影：梁勇）

瓯江带状区域的自然山水与整个城市紧密结合，山、水、城三者和谐共存。通过对瓯江的滨水、堤岸、绿化及构筑物的重新梳理和整改，整个区域被划分为城市记忆板块、城市共享板块和城市意象板块，各板块相互围合和渗透，沿水线形成光的连贯性，沿山体形成光的空间性。这样的规划旨在让便利的生活性和景观的观赏性结合起来，建立起易于识别、特色鲜明的整体空间夜环境。

为了进一步提升瓯江两岸景观照明品质，更好地服务于龙泉市社会、经济、环境的协调发展，改善人居环境，延续城市文脉，建设生态环境，为实施和管理景观照明提供基本依据。我们将突显智慧创新、文化体验、生态宜居理念，形成科技和文化体验聚集带，打造龙泉“智慧”瓯江。我们计划建立一条连续且舒适的沿江公共灯光走廊；勾画一条错落有致的天际轮廓线；提供一批形式多样的夜景照明载体；打造一个充满活力的公共生态环境。

最后，我们将以龙泉百年剑瓷文明为引领，打造瓯江的历史记忆、生态环境、智慧科技、创新未来为主题氛围的生态滨水空间。我们将以舒适宜人的灯光环境刻画连贯的滨水步道，渲染出以人为本，幽静、舒适、宜人的滨水环境。我们将使用低色温光源来对建筑群进行照明，展现历史积淀下的人文光芒。通过智能照明技术和艺术化手法，我们将为城区的瓯江造景添彩，打造生态化、多样性、可持续发展的公共环境，让江水归于民众，为市民提供休闲、娱乐的

| 夜晚的瓯江，犹如一幅山水长卷，体现了中国的美学特点　（摄影：梁勇）

重要场所。

在本研究中，我们将整个景观区域的亮度划分为四个等级。最高亮度等级区域为山体和岛屿，这些地方被设计为灯光秀的主要表演场地。其次，桥梁和主要建筑物节点以次高亮度呈现，而河道两侧的构筑物小品则位于第三亮度等级。最后，河道沿线的照明设计将创造出一种写意休闲的自然氛围，这部分属于最低的四级亮度。

山体作为龙泉城市的“帘幕”，我们采用灯光将其与自然环境紧密联系，以此拉近人与自然的距离。我们根据山势的走向和形态，灵感来源于中国画的笔触，用灯光写意地塑造出“勾、皴、点”的特点，营造出“金碧山水”的意境。这种设计不仅体现了中国画的美学，而且在不同的季节中，我们还会利用不同的光色来表现山体的变化。在日常情况下，我们采用点光源来勾勒山脊线，这种设计方式既美观又节能。

华严塔的灯光设计也非常独特，不同的时间段会呈现出不同的颜色，以表达“气象万千”的壮观场面。我们在塔的周围设置了激光灯和投影灯，每到夜晚，这些灯光会投射出各种图案，将山峦的天地造化幻化为云烟氤氲的万千气象，聚散无定，如同云仙的幻影，这种设计旨在突出佛教文化的神秘感，以此来传达龙泉的人文历史。

留槎洲是瓯江中的一个岛屿，岛上的亭台楼阁等仿古建筑沿着中轴线布置，

一桥一景的照明，成为瓯江上的点睛之笔 （摄影：梁勇）

灯光设计将充分展示这些古建筑的特色和特点，以此突出“高阁凌空蜃吐楼”的灯光意蕴。在节假日，我们会运用3D墙体秀的技术，将动态的立体画面投射到建筑的外墙上，使建筑物与影像融为一体，真假结合、虚实相生，在夜间形成极具视觉冲击力的画面。

通过投光灯在光色上根据四季的不同使周围的植物呈现不同的颜色，节

假日时还会启动雾森装置，以突出“春华秋荣，夏清冬馨，林韵园幻”的灯光意境。人们漫步在此，仿佛徜徉在历史古迹中，却又感受到一种新颖的时尚潮流。

这种巧妙的亮度分布，使得整个瓯江呈现出“廊网交融、珠连光合”的构架，形成了“一江两岸映古塔，一岛六桥串多点”的光影空间格局。龙泉溪段有大小不一、形态各异的桥梁十二座，犹如十二条彩虹飞架瓯江两岸，其中包括历经风雨的济川桥，设计新颖、造型美观的留槎洲大桥，以及剑川桥、东大桥、后沙桥等，这些桥梁成了连接龙泉瓯江两岸的重要交通脉络。

为了体现山水灵动之美，东大桥和剑川大桥两侧安装了水幕，通过水、电、光的结合，打造出多种光影水幕景观。桥体两侧的喷泉随着音乐节奏起舞，灯光、音乐、喷泉在夜色中流光飞舞，使美丽的龙泉城区夜景更添璀璨。

流淌着一座城市千年的文化，“一江两岸、江在城中”是龙泉瓯江的独特景观特征。在设计灯光方案时，我们充分考虑到这一特点，以及龙泉的历史文化背景。我们希望通过灯光的设计，让人们在欣赏美景的同时，也能感受到龙泉深厚的历史文化底蕴。

沿江两岸的建筑物，我们采用了温暖的色调，使其与周围的环境形成和谐的统一。在日常情况下，我们采用了柔和的灯光，以营造出宁静、舒适的氛围。而在节假日或特殊活动时，我们会增加灯光的亮度和变化，使整个城市充满活力和节日的气氛。

广场成为夜景展示地方人文的重要场所 （摄影：梁勇）

此外，我们还特别设计了一些互动性的灯光设施。例如，我们在江边的步行道上设置了感应灯，当人们走过时，灯光会随着人的步伐而变化，增加了游玩的乐趣。我们还在一些公共空地上设置了投影灯，晚上可以投射出各种美丽的图案，增加了夜晚的趣味性。

总的来说，我们的目标是通过灯光设计，使龙泉瓯江的夜景更加美丽，同时也让人们能够更好地感受到龙泉的历史和文化。通过以上载体的照明实施，建构一套新的光影理念，开创一个新的夜游格局，打造一种新的旅游体验，游客或在岸边散步，或乘坐游船观赏，如在画中游玩，给人以全新的视觉体验。

（六）杭州西湖湖心亭诗意照明设计实践案例

为了在G20峰会期间展示杭州的独特魅力，杭州启动全城系统性的照明优化工作，转变为融合“水墨江南”元素的醉人“不夜城”。婉约、清雅的湖光山色与璀璨的园林文化相融为一体，形成一幅生动的画卷。

对于杭州这个城市而言，西湖是其灵魂所在，西湖景区的存在决定了杭州城市的基本格局，决定了杭州的性格、气质与风格。作为中国古典城市大园林的典范，融自然景观与人文景观为一体的西湖，代表着中式传统山水最高审美理想，杭州也由此被深深地打上了西湖烙印。因此如何在夜间传达西湖内在的文化精神与审美价值，成为保护和展现杭州城市地方精神与地域文化的行为的核心。

基于以上思考，西湖夜景改造旨在展现并强化中式山水大园林的美。其中，三潭印月、湖心亭及阮公墩的照明工程历时半年，湖中三岛的夜景与整个西湖的夜景完美融合，呈现出“水墨江南，湖城一体”的夜景特色。为此我们选取湖上乘画舫观景的动态视角，刻画西湖全景山水长卷，同时在陆上从多个视角，加上时间因素，塑造出多个层面的近景、中景、远景，令游人能够从不同角度、不同空间与时间，体味中式山水园林“美”的意境。但这一切必须是在保持生态系统平衡，并得以良性延续的前提下，同时还必须兼顾各群体的权益与主流人群的兴趣，求同存异，最终实现西湖山水夜景观的独特审美。为此，我们以尽可能最大限度实现以下四个层面的统一为原则与目的，开展此次西湖夜景改造的设计与实施工作。

杭州西湖夜景存现出水墨丹青的江南韵味 （摄影：梁勇）

对于西湖景区的任何一项建设，都应慎之又慎。因为夜景观工程完全是通过人为元素介入自然环境的方式，实现人们在夜晚休闲赏望的目标。通过人工元素的介入，改变人们乃至其他生物的行为模式，这背后隐含着“反自然规律”。鉴于此，笔者十分赞同“生态极简主义”观点。借此理念，生态学法则在光环境设计学的语境中表现为人工光介入自然空间的方式，其终端表现为“最少介入”。在光环境设计实践中，尤其是夜景观设计实践摸索前进的过程中，“最少介入”反映在此次西湖夜景设计中，体现为以最少的光表现载体，以最少的景传达尽可能丰富完整的文化内涵与地方精神，这一切最终都落实为有节制、有控制的实施。

对于植物的夜景表现：不对珍稀树木设置夜景照明；不对构成西湖景区绝大组成部分的内部景区植物进行照明；不对所有灌木、花卉、草坪、地被植物

进行表现；仅在构成树冠线的乔木与在陆上构成近人尺度的近景、中景、远景的乡土树种、部分特色树种里挑选载体，并且仅选取对光源敏感性较弱（如香樟、银杏、棒树、桂树等）的类型。

对于古树名木，严格做到照明设施不上树；对于普通树木，做到照明设施尽量不上树，85%左右采用地面定向上射方式，对于少部分构成树冠线重要的树木，照明设施不得不上树。

实现功利与西湖山水夜景观审美理想的统一。保证夜间赏玩安全的同时，不对观赏夜景以及夜景的意境氛围造成干扰。通过有目的的光分布，刻意引导游人夜间游览行进路线，令游人在不同行进路线上欣赏到预先设定的观察视角方向上所截取的“景”，同时最大限度避免游人对景区的夜间干扰。

根据设计，西湖的灯光通过加强栈道、景区的岸线照明，使其宛如漂浮在水中。“岸线照明强调连续性，用淡色晕染出岸线的连绵，就像中国画中的写意一样，似断还连。树木照明手法多样，可以渲染轮廓，也可以投射树影。将水体和楼阁联系起来，描绘一幅写意的山水画。”

使用 2000 ~ 6000K 色温的投光灯照亮外围植物，对春夏秋冬四季的灯光进行智能控制，实现可调控、有亮有幽的“水墨江南”夜景。湖心仙隐的小瀛洲、风雅飘逸的湖心亭和“幽幽碧玉水中印”的阮公墩上的古建筑，用 LED 窄光束投光灯强调鸱吻位和檐角，来表达古建筑的结构特点；沿屋面均布 LED 瓦筒灯突出建筑远视点的顶部效果。明暗对比的设计，在远视点可以给人一种“一半勾留”的独特园林之风韵和奇妙的遐思。在近视点，可以完整地呈现古建筑的韵律之美，勾勒出“宛在水中央”的独特园林之风韵，给人以一种深邃的意境。

实现视觉生理与西湖山水夜景观审美理想的统一。湖心亭位于西湖之中，面积为 7000 平方米。岛内景观元素由亭台楼阁、石碑绿地等构成。亮化的实施，

湖中三岛的夜景与整个西湖的夜景完美融合，呈现出“水墨江南，湖城一体”的夜景特色

（摄影：安洋）

将进一步提升西湖夜景的品质。湖心亭具有丰富的景观空间结构，从城市的东面、西面及北面可以远观整体岛屿。岛上绿树婆娑，亭台隐掩，园林空间与自然的山水景观遥相呼应，这些元素都是照明表现的载体，用以展现夜晚湖心岛的韵味。

夜间应当进行照明，考虑其四面环水，生态环境较好，且有鸟类栖居，在照明手法上应注意生态保护，尽量避免对天空及环境产生光污染。灯具防水防潮的同时，采用生态的鸟巢来装饰，大型的投光灯，固定在树干间，解决了问题的同时还增添了情趣，犹如一个大鸟巢，有百鸟归巢之意。“水墨夜西湖”整体亮度不高，也不主打五颜六色的灯光，营造私密空间。追求光色上的统一，用细节体现经典，用尽可能少的灯光，营造静谧之美。围绕“自然”主题展开。通过灯光的装点，强调朴素、静谧、纯净的风格，体现人文关怀，让人们感受到夜的湖心亭诗意地存在于自然的夜空之中，营造“温婉光影，闲寻诗意”的诗意照明。

| 用淡色晕染“水墨江南”夜景，勾勒出“宛在水中央”的独特园林之风韵，给人以一种深邃的意境　（摄影：安洋）

视觉生理对于夜景照明的诉求集中体现在舒适度，以及中间视觉状态下，视看要求的满足。为此，在游人通过量较大的夜景表现区域，我们严格精心挑选出配光精准、具有多重防眩光设计的灯具，从多个观察角度，反复斟酌、调试，对于没有防眩光器具的灯具，便特别定制，如长桥、做影桥等线条灯遮光片。抱着追求完美的态度，最大限度避免直射光源与眩光令视觉产生不适，进而影响到游兴。注重不同空间、不同层次的亮度关系，最大限度实现“看与被看”的协调，实现近距离观景与远距离赏景的协调。

每当夜幕降临，远眺湖中三岛，淡雅自然的色彩，丰富的变化组合，营造出美轮美奂的湖上夜色。按照城市美学原则和亮化要求，营造历史与现实交汇的独特韵味，一动一静、一虚一实、一明一暗、一线一面，亮灯效果与杭州的气质和精致和谐、大气开放的人文精神相适应。在峰回路转之处、水榭花墙之间，照明给夜的湖心亭平添了花光水影的悠悠诗韵，而且拓展了一泓碧水的画外空间。

“十里柳如丝，湖光晚更奇。”白天的湖心亭已让人流连忘返，经过亮化提升后，西湖成为一幅静谧的“水墨西湖”的山水画，别有韵味。

五、文化和旅游景区的诗意照明

文化和旅游景区的诗意照明是景观照明设计领域的一个重要研究方向。它

远眺湖中三岛，淡雅自然的色彩，丰富的变化组合，营造出美轮美奂的湖上夜色 （摄影：安洋）

不仅仅是为了提供照明功能，更是为了展现景区的独特魅力和诗意。

在文化和旅游景区的诗意照明设计中，我们注重通过灯光的艺术表达和创意设计，营造出一种富有情感和美感的氛围。通过合理的灯光布置和照明效果的调整，我们可以突出景区的特色和文化内涵，为游客提供一种独特的视觉体验。

在设计过程中，我们首先应对景区的光环境和氛围进行分析。通过了解景区的历史背景、文化内涵和自然环境，我们能够更好地把握景区的特点和风格，从而为照明设计提供指导。

其次，我们应注重景区的空间布局和景观元素的处理。通过合理的光源选择、灯具布置和照明效果的调整，我们可以突出景区的主题和重点，营造出一种富有层次感和艺术感的光影效果。通过灯光的投射、照明角度的调整和光色的选择，我们可以创造出不同的景观效果，如柔和的渲染、动态的变化和浪漫的氛围，以实现景区的诗意照明效果。

此外，我们还注重景区的节能和环保。在设计中，我们可以采用先进的照明技术和节能措施，如 LED 灯光、智能控制系统和光污染控制等，以减少能源消耗和环境污染，实现可持续发展的目标。

在实践中，我们还应注重与景区管理方和相关专业人士的合作和沟通。通过与他们的密切合作，我们能够更好地理解景区的需求和要求，为照明设计提供更加专业和实用的解决方案。

（一）风景审美诗意的滥觞与发展

“风景审美诗意的滥觞与发展”，揭示了景观照明设计的深层次理论探索和实践变革。从滥觞到发展，风景审美诗意在照明设计中扮演了重要角色，为空间营造出特定的情绪、叙事和象征意义，推动了景观照明设计的艺术化、个性化和文化化发展。

风景审美诗意的滥觞，源于人类对自然和环境的基本感知和理解。在古代，人们对光的使用主要是为了基本的视觉需求，但随着对光的认知的深入，人们开始通过火光、日光、月光来塑造和表达特定的情感和情境，这就是风景审美诗意的最初体现。比如，古代中国的园林设计，就运用了月光、灯火、反射等光的效果，营造出静谧、深远、悠然的诗意境界。

风景审美诗意的发展，与科技、艺术、社会等因素紧密相关。随着电灯的出现和发展，人们对光的控制和应用能力大大提高，景观照明设计开始向更多样化、更艺术化的方向发展。设计者运用光的强度、色彩、形状、时间等变量，创造出多样的视觉效果和空间体验，赋予景观以情感、象征、叙事等诗意意义。比如，现代城市的夜景照明，通过精心设计的光线和色彩，可以展现出城市的繁华、动感、梦幻的诗意画面。

在现代科技的支持下，风景审美诗意得到了新的发展和拓展。机器学习等技术为照明设计提供了强大的工具，使设计者能够根据大量的数据进行精准的需求分析、效果预测、效果评估，进一步优化光环境的质量和效果，增强其诗意性和表达性。此外，数字技术的应用，如动态照明、交互照明等，为景观照明设计提供了新的可能性，使得风景的审美诗意可以以更加丰富、动态的方式呈现。

回望历史，风景审美诗意的滥觞与发展，是人类对光的理解和使用的历程，是科技、艺术、社会交织的历程，是景观照明设计不断追求美的历程。在未来，随着科技的进步和社会的发展，风景审美诗意的照明设计将更加丰富、深入、前瞻，为人们带来更加美好、有意义的生活环境和生活体验。

浙江金华“三江六岸”照明，重现江枫渔火，营造出墨韵江南的多层次光空间　（摄影：安洋）

（二）诗意是风景区夜景的灵魂

诗意是风景区夜景的灵魂，为空间赋予了特定的情感、叙事和象征意义，引领了景观照明设计的艺术化、个性化和文化化的发展方向。

在景观照明设计中，诗意的构建并非单纯依赖于光的物理属性，更重要的是如何通过光的处理、表达，将自然与人工、实体与虚幻、视觉与心理等多个维度有机结合，以此来创造出独特的诗意空间。这种空间既要能引发观者的共鸣，也要能让人在其中感受到深邃的艺术意象和丰富的文化内涵。

风景区的诗意来源于对地方特色和文化精神的深入理解与创新表达。设计者需要深入研究风景区的历史、文化、环境等背景，挖掘其深层次的意象和象征，然后通过照明设计的手段，将这些抽象的概念和感受转化为可感知的光环境。例如，在一些历史文化名城的夜景照明设计中，设计者通过巧妙地运用光的色彩、强度、节奏等，既保持了历史建筑的原貌，又赋予了它们现代的气息和诗意，形成了一种时空交错的美感。

在机器学习和其他先进技术的支持下，风景区的诗意照明设计有了更多可能性。通过收集和分析大量的数据，我们可以更深入地理解观众的行为和感受，可以更精准地预测和控制光环境的效果，可以更有效地实现设计的目标。此外，通过交互技术和动态照明技术，我们可以实现光环境的实时调整和个性化体验，使观众成为创作的参与者，使诗意的体验更加生动和深刻。

采用投影的方式，让景区呈现动感、新颖、梦幻的视觉感受　（摄影：梁勇）

在面向未来的设计实践中，诗意不仅是风景区的灵魂，也是设计者的灵魂。通过不断探索和创新，设计者可以将诗意的理念和技术深深融入景观照明设计中，创造出既具有艺术感、情感感、文化感，也富有科技感、人性感、未来感的光环境，使风景区真正成为人与自然、历史与现代、现实与理想交织的诗意空间。

（三）提升景区夜景的诗意观

"提升诗意观在景区"这个主题从其本质上探讨了景区环境对于诗意表达的需求，以及如何通过景观照明设计来提升和营造这种诗意体验。诗意的存在，赋予景区更深的情感层次和文化内涵，使之成为引发人们共鸣、启发思考、激发灵感的空间。

诗意观的提升，首要是对地方特色和文化精神的深度解读。每一个景区都有其独特的历史背景、自然环境和社会文化，这些因素共同构成了景区的诗意基底。在景观照明设计中，需要深入挖掘和理解这些因素，用光来塑造和表达这些独特的景区特色，赋予它们诗意的内涵。

诗意观的提升，需要借助先进的科技手段。随着技术的进步，景观照明设计有了更多的表达手段和可能性。机器学习算法可以帮助我们理解和预测用户的行为和感受，为其提供个性化的光环境。动态照明技术可以实现光环境的实时调整，创造出动态变化的诗意空间。交互技术可以让观众成为创作的一部分，体验到参与感和创造感。

诗意观的提升，也依赖于设计者的艺术创新和技术实践。景观照明设计不仅是科技应用的过程，更是艺术创作的过程。设计者需要有敏锐的感知力，寻找和挖掘景区的诗意元素，有创新的思维，尝试和实践新的设计方案，有运用技术的能力，运用先进的技术手段，实现诗意的艺术表达。

总的来说，提升景区诗意观，是一个融合了人文、艺术、科技等多个因素的复杂过程，需要设计者以全局的视野，科学的方法，艺术的情感，创新的精神，将光的物理特性与景区的特色、文化、历史等有机结合，创造出能触动人心的诗意空间，提升景区的品质和价值，增强观众的体验和满意度。

（四）诗意照明艺术升华的弘扬

"诗意升华的弘扬"这一主题在景观照明设计中担任关键角色，强调了诗意表达在视觉体验和文化传递中的核心地位。诗意是一种超越物质和功能性的艺术表达，它以情感、象征和叙事的形式体现，能引发人们的共鸣，触动人们的心灵。

景观照明设计作为一种视觉艺术，其存在的价值并非仅仅是提供光线，更在于其所能创造的情感空间和文化氛围。对光的巧妙运用和处理，可以将风景区的自然和人文元素有机融合，营造出独特的诗意环境，从而弘扬和升华景区的文化内涵和精神价值。

在实际的设计过程中，设计者需要对风景区的地理环境、历史文化、社会背景等进行深入研究，深化对地方精神的理解，提炼出独特的诗意元素，然后通过照明设计的手段，以光为媒介，把这些诗意元素以视觉形式展现出来，以此弘扬和升华风景区的诗意观。

同时，景观照明设计也需要借助先进的技术手段，以实现更高层次的诗意升华。例如，通过机器学习算法，我们可以对大量的数据进行分析，预测用户的行为和感受，提供更符合用户需求的光环境；通过互动技术，可以实现用户与光环境的互动，增强用户的参与感和体验感；通过动态照明技术，可以创造出变化多端的光环境，丰富诗意空间的表现力。

而在未来的设计实践中，诗意升华的弘扬将更多地体现在设计的个性化、艺术化和智能化上。设计者将更多地运用自己的艺术感知和创新思维，结合新的技术手段，创造出更有艺术感、更个性化、更有智能感的光环境，让每一个风景区都有其独特的诗意风格，以此弘扬和升华风景区的诗意观，同时也弘扬和升华景观照明设计的艺术价值和社会价值。

（五）空间灯光秀

自 20 世纪 80 年代起，我国开始对城市照明设计的相关理论展开深入研究。在初期，这类研究主要集中在单体建筑的灯光设计及其效果评估上。然而，随着时间进入 90 年代初期，公共艺术的相关概念被我国广泛接受并应用，从而使得城市公共空间与艺术之间的关联得到了更加深入的探索与研究。伴随着新型灯光技术的发展，设计师们开始对城市公共空间的艺术气质进行更多的思考，尤其在如何营造艺术氛围方面做出了许多有益的尝试，从而催生了照明设计领域的新一轮发展。这使得照明设计从过去单一的功能性逐渐转变为艺术性和科技性的深度融合，灯光效果更加注重对艺术表达的追求。在这种文化和技术的双重背景推动下，公共空间灯光秀应运而生。

灯光秀，这种全新的公共空间视觉营造模式，主要是在特定的时间段内，在城市公共空间中采用以光影为主的艺术手法进行的大型城市庆祝活动。与传统的艺术作品有着本质的区别，灯光秀更加强调“事件性”，通过灯光秀活动与公众进行交流，旨在对公众的情感和观念产生积极影响。

现如今，舞台艺术科技的发展迅速，智能化的舞台灯光技术、多媒体视频技术的多样性，以及灯光网络化控制技术的飞速进步，无一不推动了灯具性能的不断提升。国内旅游夜景光环境也逐渐向动态和智能化方向转变，这无疑为照明设计提供了广阔的创新空间。越来越多的城市景观照明开始尝试将灯光、视频、声音等多种元素融合在一起，塑造出一种全新的艺术形式——灯光秀。设计师们通过将灯光秀这种艺术形式应用于公共空间，不仅使得艺术形式本身更加多样化，也使游客的观赏体验变得更加丰富多彩。

我国的历史悠久，拥有五千多年的文化底蕴。这无穷无尽的文化和历史资源为灯光秀作品的创作提供了丰富的素材和无尽的灵感源泉，这既是我们的优势，也为今后的创新提供了无比强大的支持和动力。

1. 公共空间灯光秀的特征

公共空间灯光秀作为目前文旅夜游中最常见的一种表现形式，具有以下特点：

虚拟性特征。公共空间的灯光秀艺术表现最显著的特征莫过于其虚拟性。这种虚拟性的产生，是由投影技术的特性所决定的。灯光秀的呈现形式依赖于光在特定平面的折射和反射，是一种基于物理光学原理的艺术形式。尽管如今的裸眼 3D 技术可以模拟出极为逼真的效果，但我们必须认识到，这种视觉效果是由人眼的生物结构产生的视觉误差导致的。因此，从本质上讲，无论其呈现的效果有多么真实，它仍然是虚拟的。

文化性表现。在数字媒体时代，灯光秀艺术通过运用各种高科技手段，结合数字化影像的展示方式，能够打破观众的传统审美经验，为其带来全新的感知体验。它超越了以视觉为主的传统艺术表现形式，创新地融入动态影像、声光效果以及互动装置，从而创造出沉浸式的空间场景。因此，灯光秀艺术不仅能带来视觉上的巨大震撼，还能深化人们对艺术作品的理解。同时，灯光秀艺术也是文化的一部分，一个地区的文化特性会对艺术作品产生深远影响。不同的文化塑造了不同的审美趣味，而这种审美又能直接影响艺术的创作和表达。

开放性和互动性。由于公共空间的开放性，灯光秀艺术也自然地具有了公共性。这种公共性体现在作品、观众、设计师和公共环境之间的交互和沟通。灯光秀的开放性和互动性使得观众有机会成为第二位创作者，可以在灯光秀演出过程中进行富含自身情感的再创作，从而增强了灯光秀的艺术效果。对于公共空间而言，观众与灯光秀作品的互动同时也是他们与公共空间的交互，因此，城市灯光秀进一步提升了城市公共空间的开放度。

多维体验。灯光秀艺术能够为人们提供丰富多元的体验，不同的灯光秀会带给观众不同的感受。大致上，这些体验可以分为感官系统的体验、运动系统的体验、心理的体验以及多维度的体验。通过视觉、听觉、嗅觉等多种感知方式，观众能够在灯光秀中获得一种全身心的沉浸体验。

科技性。尽管名为灯光秀，但其表现形式并不仅限于灯光，而是机械、影像、灯光、音响等多种科技设备的综合演绎。灯光秀艺术的产生是基于科技的进步，科技创新是推动其发展的重要力量，也为灯光艺术更好地融入公共空间提供了更多可能性。灯光秀以信息处理技术为核心，利用最新的科技成果，创作出富有文化内涵和科技感的公共艺术作品。

2. 公共空间灯光秀的发展状况

自 21 世纪以来，照明行业取得了显著的发展，其重点从以往的功能性逐渐转变为艺术性和表现性。现代城市照明不再仅仅局限于传统的功能性照明，而更多地强调文化的展现和艺术氛围的营造。因此，灯光秀这一形式得到了飞速的发展。

灯光秀通常使用多媒体视频作为主要的文化视觉载体，因为多媒体视频能够方便地将地方的人文内涵和文化元素提炼为直观的视觉元素。相比灯光、音响等表现方式，多媒体视频更具有文化承载的特性。近年来在公共空间的光环境中，多媒体视频的呈现方式主要有灯光投影和建筑 LED 媒体立面这两种类型。

3. 公共空间灯光秀面临的挑战

灯光秀通过运用灯光、声音、影像等媒介激发观众的感官，丰富了视觉效果的同时也可能带来负担，例如光污染和噪声污染。在不同的空间中，这种亮度变化会对生活在其中的人们产生不同的影响。在繁华喧闹的商业区或气氛活跃的广场，灯光秀带来的环境灯光变化和照明强度的增加对原有空间活动的影响相对较小。然而，在住宅区或较静谧的公园周边，这可能会破坏其宁静放松的气氛，影响居民和活动者的休息和娱乐。

有些灯光秀会加入声音元素以吸引观众，但如果在设置时未考虑声音类型和音量控制，使用高分贝或强烈冲击的声音，可能会打扰到人们的正常休息，造成噪声污染。

有些商家或设计师为了突出灯光秀效果，过分追求表面的照明效果，导致城市出现过亮、花哨的灯光秀。这不仅破坏了周围环境，还造成了资源的大量浪费。

4. 公共空间灯光秀艺术氛围的营造

新媒体艺术最具鲜明特色的一个元素是其互动性，这使观众的身份逐步从单一的被动欣赏者转变为与艺术作品之间能产生双向互动的主体。灯光秀作为新媒体艺术的一个独特展示形式，其核心职能不仅在于给观众提供未曾有过的视觉冲击，更关键的是为参与其中的观众带来丰富的体验感和感悟。简言之，灯光秀的互动性并非仅限于观众与设计者之间的交流，更拓宽到与展示环境，乃至整个城市的全方位交融。因此，灯光秀的艺术设计必须深度反思并重视人的主体性，旨在在形式与内涵上都构建出与观众深度交互的可能。

城市文化作为城市公共空间发展的核心要素，必须被灯光秀艺术在介入城市建设过程中充分考虑。灯光秀应在设计过程中紧密结合每个城市独特的地理、历史和文化特性。在构思灯光秀的具体内容和表现形式时，设计者需要深度研究和解读当地的人口结构、民族风俗、历史背景等一系列与城市文化紧密相连的要素，以求呈现出最符合当地文化气质的灯光秀，从而引起广大观众的共鸣。

考虑到灯光秀的特性，其实现离不开周围环境的协调配合。因此，高效而富有创意地运用原有建筑和环境进行灯光秀设计，无疑可以为现存的空间环境赋予全新的艺术内涵。

灯光秀的介入不仅彻底改变了公共空间的外在形态，更为其注入了新的活力和生命力。灯光秀通过色彩、光线、形状、声音等元素的巧妙搭配和变化，成功营造出一系列富有想象力和创新性的空间场景。通过将虚拟影像与现实场景有机结合，灯光秀不仅有力地重现了历史，更能够对现实世界进行全新的艺术化再造，仿佛让观赏者踏入一个历史与现实交汇的虚拟世界。与传统的公共艺术作品相比，灯光秀以其独特的形式、丰富的表现手法和深情的艺术诉求，为观众提供了多元、多角度的艺术体验。由于灯光秀艺术具备承载和传递信息的能力，它不仅成了地域文化的重要载体，更能够精彩地展示和强化一个城市的形象和人文内涵，同时提升公众的审美素养和文化品位。

5.“浴光银麟”——宁夏中华回乡文化园灯光秀诗意照明设计实践案例

宁夏中华回乡文化园作为银川回族的精神家园，在浓墨重彩的夜幕下，结合灯光展现出了它的光华。二百盏全彩染色灯在寂静的夜空中熠熠生辉，与翠绿的树林、暗影深处的建筑浑然一体，仿佛星光璀璨的银河从天边倾泻而下。激光、投影、烟雾机，与两侧树林中的全彩投光灯携手共舞，打造了一幅幅生动绚丽的画面，这就是“浴光银麟”，一幅巧妙地融合了现代科技与古老建筑的艺术大作。

灯光设计师巧妙地以建筑外立面为底图与载体、为原有的图饰纹理赋予了动态生命感。原本只是静态的壁画，在光影的照耀下仿佛有了灵魂和生命。它们在夜色中闪烁、旋转、跳跃，犹如魔幻森林中的精灵，让人不禁陶醉其中。在这个魔幻的世界中，万物皆为精灵，万物皆有生命。

整个画面以涂鸦森林的形式呈现，粒子光营造出落英缤纷的唯美效果。蝴蝶在丛林之中翩然起舞，它们在灯光的照耀下犹如一片片亮丽的彩叶。阵阵发散的向心光波如同潋滟的湖面，倒映出星辰的璀璨。蓝鲸在光影中穿梭而过，像是在古老的故事中游弋。这一切都让人仿佛置身于一个生机勃勃的自然世界，感受到了大自然的神秘和生命力。

在这里，光影变幻莫测，给原有的彩色墙面赋予了更形象的生命感。它们仿佛在向观众讲述着在这样环境优美的魔幻森林之中，万物皆有灵。时而有水彩雾气环绕，像是童话中的梦幻世界；时而有太阳雨飘洒，像是大自然的赞歌。整个世界充满勃勃生机，犹如一首美妙的交响曲，让人陶醉其中。

视觉创作团队用光影赋予了每个生命不同的颜色、纹理、变化、生命周期、声音甚至气味，他们以这种方式展现了生命的多样性和丰富性。宁夏中华回乡文化园原有的碎瓷砖墙面与建筑外墙上特有的回族特色元素，在光影的映照下展现出一种更加梦幻的表达。这一切都显得那么和谐，那么生动，让人仿佛置身于一个充满生命力和活力的世界。

从空中俯瞰，宁夏中华回乡文化园犹如一幅色彩斑斓的画卷，灯光和影子变幻莫测，给银川奉上了一场绝美的视觉盛宴。无数的灯光在夜空中跳跃，如同繁星闪烁，美丽动人。整个园区仿佛被点亮的画卷，充满了诗意和韵味。在这里，你可以感受到人类的创造力和想象力的无限可能，也可以感受到自然的神秘和生命力。这是一个真实与虚幻交融的世界，是一支光与影的舞蹈，是一首赞美生命和美的诗歌。

（六）旅游景区的诗意照明

当前，许多旅游景区正在努力解决夜游灯光昏暗导致游客扫兴而归这种现象。这是由于景区的夜间形象品质低劣，照明质量不佳，以及整体夜景照明缺

在烟火的映衬下，建筑投影秀给建筑赋予了新的生命 （摄影：安洋）

乏独特的特色，严重限制了景区的全面发展。景区夜景照明作为一种特殊的照明形式，它对于自然环境和人文特色的要求更高，对灯具的选择更为严格，对照明工程实施标准的制定更为细致。照明作为旅游景区中的重要组成部分，对于景区的美化、功能性和环保都起着至关重要的作用。通过照明可以创造出各种各样的氛围，满足游客的不同需求，同时也能提升景区的品质和影响力。以下我们将深入探讨旅游景区照明的重要性，以及如何设计和使用照明以创造出最佳的游客体验。

1. 景区诗意照明的设计原则

统一规划，突出重点。旅游景区的夜游灯光照明规划应该有助于推动景区文化旅游的发展。我们需要结合创意、科技和艺术，将自然环境、灯光和人群结合，重视人与环境和作品的互动性。这样能够给游客带来独特的旅游观光价值，并提升运营收益，从而引发全新的夜游形态和商业价值。因此，灯光亮化规划应当突出重点，美观、节能环保、照度适当、经济安全。同时，对照明光源的选择应准确，应优选散热效果好、亮度稳定性好、寿命长的灯具。在满足功能要求的前提下，采用符合我国能源发展战略中确定的低耗、节能、环保型照明设施。

选择合适的光源，照度适宜。景区的亮度应与景区的功能相适应。应避免处处张扬，避免造成景观的光污染、热辐射污染、对动植物生态环境的影响，以及对园区道路通行安全产生的眩光隐患。避免滥用色调，或采用五光十色、花花绿绿的手法布光。追求明亮效果的照明设计将不利于表现照明载体的文化艺术内涵及自然本色，而且也是对电能的一种浪费。这样的做法将引发光污染，其危害性主要体现在造成“人造白昼”问题，影响人的生活规律，危害人体健康；使车辆驾驶者、行人产生视觉不适感，导致交通事故的发生；以及影响地面天文观测站的正常空间观测。

功能明确，空间设计有层次感。夜景照明在景区的功能应清晰明了，需要照亮的场所，例如路标、转角、道路、障碍物和重要景观，都应得到足够的照明。应确保照明设施的安全性，避免温度过高接触、行进阻碍、误导人群以及灯具掉落等可能带来的风险。景区的夜间照明应利用光的层叠、流动、半透明和折射等特性，对景区的日间空间进行二次创新设计。应打破依据常规景观节点重要性来布置明暗空间的传统思维，针对次要节点进行更精细的光效设计。对黑夜中消失的空间边界，应用光效实现复原或重造，使夜景空间有序规整。

塑造景区多彩夜景，用灯光营造意境。景区内的标志性建筑和主要景观节点应采用亮度适中、色调和谐的照明设备，创造出丰富的视觉层次感，打造出优雅的夜游氛围，确保景区的艺术性和人性化。同时，我们需要精准地操控景区的日常照明系统和节假日照明系统，把握景点建筑照明的艺术效果。光源的

| 建筑外墙上特有的回族特色元素，在光影的映照下展现出一种更加梦幻的表达 （摄影：安洋）

颜色会给夜间景致提供一种温暖感觉。不同颜色的灯光所呈现的情感存在差异，利用各种颜色的灯光可以创造出各种不同的氛围空间。同一空间的灯光照明应呈现和谐的状态，不宜多种颜色同时存在，使用显色性较好的光色，使形态好、质感强的景物或建筑物的颜色得以较真实地再现。不同区域的光色选择需要考虑景区环境、景观要素等情况，保证景区的整体性和统一性。

考虑可持续性和环保。景区夜景照明设计也应考虑到环保和可持续性的问题。照明工程应尽量减少电能消耗和环境污染，例如选用 LED 灯具，或采用太阳能供电等节能环保的技术。此外，照明设备应定期维护，以确保其正常运行并避免电力浪费。同时，夜间照明应适度，不应过度亮化，以避免光污染。

适当的夜间照明既可以提升景区的美观度，也可以保护和尊重自然环境。

通过综合考虑照明设计的原则，我们可以提供一个能够满足游客需求并兼顾景区发展的夜间照明方案，帮助景区赢得更多的游客和收益，提升其品牌形象。

2. 景区诗意照明的设计内容

首先，我们要了解照明对于旅游景区的重要性。照明能够让景区在夜间变得生动起来，增加游客的观赏时间，同时也能提供安全和便利。合理的照明布置可以突出景区的特色，增加景区的吸引力，对于提高游客的满意度和留存率都起着关键作用。此外，对于一些特别的活动或者节日，照明还能用来营造出特别的氛围，给游客带来独一无二的体验。

然而，设计和使用旅游景区照明并非一件容易的事情。一方面，照明需要考虑到景区的整体布局和特色，不同的地方需要不同的照明效果。另一方面，照明还需要考虑到环保和节能，以减少能源消耗和光污染。因此，设计和使用旅游景区照明需要专业的知识和技术。

在设计旅游景区照明时，我们需要考虑到以下几个方面：

照明的功能性：照明的首要任务是提供光源，以确保游客的安全和便利。因此，道路、建筑、标识等主要地方需要有足够的照明。同时，照明还应该考虑到防眩和均匀性，以避免给游客造成不便。

照明的美化作用：照明可以用来美化景区，增加其吸引力。我们可以用照明来突出景区的特色，比如古老的建筑、美丽的花园，或者特别的雕塑。我们也可以通过变换照明的颜色、亮度和方向，来创造出各种各样的氛围。

照明的环保和节能：照明不仅要满足功能性和美化作用，还要考虑到环保和节能。我们应该选择节能的光源，比如 LED 灯，以减少能源消耗。同时，我们还应该通过合理的设计和控制，避免光污染和浪费。例如，我们可以使用智能控制系统，使照明设施在不需要的时候自动关闭。

设计好旅游景区照明之后，我们还需要进行合理地使用和维护。我们应该定期检查照明设备，确保其正常工作，及时替换损坏的灯泡或者部件。同时，我们也应该根据季节、天气和活动的变化，调整照明的设置，以达到最佳的效果。

总的来说，旅游景区照明是一个复杂而又重要的工作。它需要我们有专业的知识和技术，同时也需要我们有创新的思维和付责任的心态。通过合理的设计和使用，照明不仅能够为游客提供安全和便利，还能美化景区，营造出各种各样的氛围，增加其吸引力。在未来，我们期待看到更多的旅游景区通过优秀的照明设计，使游客有更优质的体验。

3. 泰山西湖诗意照明设计实践案例

泰山西湖，又名天平湖，是一块占地3.6平方公里的巨大水域，坐落于山东泰安泰山的群山脚下。这个湖不仅是一个天然的蓄水库，还是各种野生动植物的繁殖与栖息地，为观赏者提供了独特的自然之美。它犹如一颗璀璨的宝石，嵌在泰山的脚下，环境优美，山明水秀，人文荟萃。

泰山西湖景区凭借“绿水青山就是金山银山”的发展理念和“好山好水好空气”的生态优势，打造出一片宜人的景色。环湖景区设立了六大主题区，包括与国咸宁、平安万年、九省御道、天下太平、保佑九州、泰山石敢当，这些主题区构成了11.5公里的泰山西湖景观提升工程，使之成为集生态保护、旅游观光、亲子互动于一体的综合性湿地公园。这个公园的夜景，仿佛是一幅由五彩斑斓、绚丽的灯光绘制出的诗意“山水画卷”。

天平湖区作为一个兼具自然景观和人工设施的生态游憩场所，它保护了生态系统的完整性，同时也为市民提供了一个具有完整功能、优美宜人的生态游憩场所。湖区周边的公园广场、建筑桥梁、绿植山体和亭台楼阁的照明设计，与其自然背景“泰山魂、齐鲁韵、山水情”相互结合，展现出人文之光、品质之光和活力之光，进一步提升了休闲岸线和绿色生态湖岸的夜景魅力。

尽管天平湖已具备基本的景观照明，但考虑到社会发展、城市建设的持续深入，我们认为，景观照明需要适应新的变化、新的形势、新的要求，以满足城市发展的需求。因此，我们采取了“留、改、增”的设计策略，尽可能保留现有的景观照明，同时增加智能化控制，打造出光影交融、湖城波光的生态画卷，突显出天平湖夜景的独特魅力。

在灯光设计方面，我们采用了“一线串珠”式的光影创造。设计的核心理念是“墨韵诗画，光影天平湖”。以“亲和、柔和”的乔木照明为基调，采用隐蔽式、可控型、多彩型的照明灯具，将天平湖夜景的春华秋实描绘出来，让人仿佛置身于一幅优雅的水彩长卷之中。

以城市舞美的创作理念，在湖边广场营造了以城市居民为活动主体的文化景观。光在空间中绘画，将环湖的每个载体视为生命的有机体，寻找各个载体之间的内在联系，用灯光的方式将它们有机地整合在一起。各个灯光节点通过湖岸线连接起来，展示了山、水、绿、建的四大构架。

泰山印象水畔舞台与湖岸线相结合，延展了游人的视线，展现了天平湖西面壮丽的湖光山色。同时，大型音乐喷泉“水舞秀”将声、光、电、火、水幕电影、激光秀等现代元素融为一体，以独特盛景展现出水的张力和渲染力。喷泉的水柱最高可达 200 米，是世界上单喷高度最高的喷泉之一。喷泉水型丰富，样式多彩，如龙飞九天、众志成城、芙蓉出水等。喷泉组合变化层出不穷，纵横驰骋如千军万马，排山倒海，如山呼潮涌、气势磅礴，极具动感和震撼力。市民和游客可以在这里享受一场如梦如幻的视听盛宴，感受城市夜的魅力。

随着全域旅游的活力持续激发，环湖周边的 “泰山印象”灯光秀和梦幻水舞秀构成了一幅美丽的山水画卷，让人沉醉在音乐和水舞秀的世界中。通过这样的设计，将泰山西湖景区打造成为一个“网红打卡地”，成为泰安旅游的新名片，推动旅游文化产业发展。

新增加智能照明系统，这将使天平湖的夜晚更具活力和吸引力。智能照明系统可以根据环境、时间、天气和季节自动调整照明效果。例如，可以在节假日或特殊活动时改变照明主题，使天平湖在夜间呈现出更丰富多彩的景观。此外，智能照明系统还可以实现能源效率的最优化，节省能源。

天平湖景区作为一个开放、公共的空间，我们通过光的艺术，创造了一个包容、互动和亲切的环境。设置的一些交互式照明设施，让游客可以通过移动、触摸或者以其他方式与照明设施进行互动,使夜景的艺术更具互动性和趣味性，使游客在享受美景的同时，也能够享受安全、舒适的环境。

总的来说，我们将通过灯光与水景的结合，将天平湖打造成一个生态、美丽、智能、安全、互动的现代都市风景区，使其成为泰安市的新名片，为市民和游客提供一个欣赏自然美景、体验高科技、享受休闲娱乐的理想之地。

（七）文旅夜游照明

文旅夜游是目前国内比较流行的景观项目,国内很多城市都有成功的案例,当白天的喧嚣被暮色所掩盖，一切仿佛都陷入了沉睡，但这并不是城市休息的时刻，而是另一种生活方式的开始，那就是文旅夜游。它借助于现代照明技术的加持，使城市的夜晚变得更加多彩，更加充满活力。文旅夜游照明不仅点亮了城市的夜晚，也给人们带来了更丰富的夜生活体验。

照明在文旅夜游中扮演着至关重要的角色。通过精心设计和布置，照明可以把城市的建筑、公园、街道等地点打造成充满魅力的夜游景点。通过演绎人员的表现，营造出不同的氛围，呈现一种沉浸式的观赏效果，为游客提供多元化的体验。

文旅夜游照明不仅要注重视觉效果，也要考虑到环境和气氛的营造。一些城市选择用柔和的照明来突出其历史文化特色，像是陈年老酒，熟悉又令人怀念。另一些城市则选择了强烈的照明，以展示其现代和时尚的一面，如同黑夜中的璀璨明珠，令人目不暇接。无论是哪一种照明，都需要精心设计和布置，以达到最佳的效果。

除了传统的景点照明，现代的文旅夜游照明还有许多新的发展方向。例如，通过投影技术，可以将静态的建筑变成动态的画面，让人们在欣赏美景的同时，也能了解到其背后的历史和文化。再如，通过互动照明，可以让游客成为照明的一部分，游客通过自己的动作和声音来改变照明的效果，增强了参与感和体验感。

文旅夜游照明是城市夜生活的重要组成部分。通过科技的发展和人们对美的追求，我们可以期待文旅夜游照明会带给我们更多的惊喜和快乐。无论是璀

在原有的基础上增加照明设施，节约了能源 （摄影：梁勇）

璨的灯火，还是暗夜中的星辰，都可以成为我们夜游的灯塔，指引我们探索更广阔的世界。我们期待在灯火璀璨的夜晚，寻找那份属于自己的安静和惬意，享受文化的传承,享受科技的便利,享受生活的多样性,也享受独特的个性表达。这是照明给我们带来的，这个世界因为照明变得更加美丽，也变得更加多彩。

山、水、绿、建的四大构架，通过湖岸线连接起来，展现了墨韵诗画、光影西湖　（摄影：梁勇）

随着现代科技的飞速发展，特别是人工智能、大数据、云计算等数字技术的发展，我们已经进入到了一个全新的时代，这个时代的一个重要特征就是智慧景区的建设能够不断取得新突破。在这个新时代的背景下，5G、VR、AR、全息等基础科技服务的不断成熟，已经使得文旅行业的发展方向进一步倾向于智慧化、数字化、网络化。然而，有一种文旅产品在这个变化中转变更快，那就是夜游演艺。在科技的助力下，夜游演艺的形式已经从初期的镜框式舞台转向了实景演出阶段，观演关系出现巨大变化。如今，我们正处在一个由数字技术推动的新时代，沉浸式演出已经日益成为主流，预计在未来一段时间内，这种体验式演出将成为我国旅游演艺的主导趋势。

在这个趋势中，沉浸式体验旅游演出已经成为一种突破传统剧场规则和观演关系的全新演出形式。这种演出形式的目的是将观众完全引入到剧情之中，让他们可以参与演员的表演和剧情的发展，从而深深地沉浸在其中。这种创新的观剧模式，不仅深度整合了音乐、影像、灯光、装置、舞美道具等各种艺术元素，还利用了 VR、AR、MR 等尖端科技，使得观剧体验变得更为独特。此外，这种模式的推广也推动了新型旅游景点的建设，使其成为文旅行业发展的新重点。

在打造沉浸式演艺过程中，场景的构建和气氛的渲染尤为关键，目前支持大面积情景式场景构建的技术主要集中在投影和 LED 显示屏上。随着沉浸式文旅市场的兴起，这两种技术也在积极争夺市场。虽然 LED 显示屏和投影在场景塑造上的作用各异，但都在为夜游演艺的构建发挥重要作用。这两种技术的关键区别在于设备展示画面的方式。在沉浸式文旅市场的大潮下，LED 显示屏和投影的主要作用是重新塑造或衍生场景。LED 作为大型直显屏幕，在文旅产业中的应用形式极为丰富，包括裸眼 3D、异形屏等。直显屏幕能够细直观地展示画面，色彩浓度、轮廓细节、变化效果等都更加逼真。而通过组合多块 LED 显示屏，可以构建出沉浸式仿真环境，让游客在虚拟与现实交融的空间进行互动，为他们带来丰富而新颖的感官体验。

相对而言，投影需要背景或幕布作为显示媒介，因为显示画面并无自主发光的特性，所以它更常用于室内场景、户外夜景以及光影秀的展示。投影能够在更大范围内呈现画面，通过将画面与投影主体及周围环境特点结合，可打造出独特的光影效果。在这样的过程中，光影、色彩、声音和互动影像的结合为游客的体验营造了全新的氛围。在这样的氛围下，游客的体验不再仅限于观看，而是转向了参与、体验、互动。这种转变引发了游客的感知与想象，使得游乐体验更加深化。

沉浸式文旅市场的兴起，不仅为现代游客带来了新颖刺激的旅游体验，也为许多行业带来了新的发展机遇。其中，光影表演成为沉浸式文旅的一大特色。在投影和 LED 显示屏的市场竞争中，两者在新兴市场中互相研磨，共同推进。通过结合 AR、VR、MR 等科技应用，以及虚实结合的空间营造，我们已经可以打造出全新的、沉浸体验感强的旅游场景，为游客带来了更加丰富的旅游体验。

1. 如梦上塘——杭州上塘河夜游诗意照明设计实践案例

《如梦上塘》以江南古运河文化为线索，以 " 行进 + 沉浸 " 式的实景演出形式，在杭州市拱墅区的上塘古运河中拉开帷幕，成功引起了社会的广泛关注。它的创作灵感源自于上塘河的过去与现在。这条古河最早由秦始皇开凿，作为京杭大运河的重要支流，它既是大运河世界文化遗产的不可或缺的组成部分，同时也是杭州历史文化长廊和江南水乡风土人情的生动缩影，承载着江南地区丰富的诗歌韵味和历史故事。

《如梦上塘》作为中国首部描绘江南古运河文化的实景演出，巧妙地汇集了戏剧、电影、视觉艺术、水特效及装置艺术等元素，打破了传统舞台观演的约束，构建出一次精彩纷呈的运河文化盛宴。它深入解读了“上塘河”的文化基因，以此为依托，勾勒出上塘古运河丰富多彩的历史文化图景和人文情怀。采用了声光电、激光、雾幕、水特效等先进科技技术，使之独具一格。整个演出历时近一个小时，期间观众可以全面领略到运河天地的大美之境。

通过这场展示，历经千年的古运河仿佛又被赋予了新生的生机。不仅成功宣传了千年古运河——上塘河的魅力，同时也对杭州市夜间文化旅游业的发展起到了积极的推动作用，为文旅融合发展的未来探索出一条新的道路。

在 2200 年前，秦始皇开凿的“陵水道”即为现今的上塘河，这一历史实事在《如梦上塘》的实景演出中被精彩地展现出来。该演出精心设计了“七运十三景”，起始于“运河之源——秦王开运”，此为第一运。在璀璨灯光的照映下，游船的前方展现出身着华贵龙袍的秦始皇，他详述自己统一六国、建立中央集权的秦帝国，以及推行统一文化、货币、度量衡的重大改革。

当游船继续前行，游客们便会见到第二运“运河春秋——运河号子”。该部分主要讲述了隋炀帝在隋朝大业元年至六年（公元 605 年至 610 年）期间对大运河的开凿，以及对上塘河的疏浚和拓宽。在张士诚于元末时期开凿新运河之前，上塘河始终是唯一通向杭州城的大运河通道。新运河的开通使上塘河转变为江南运河的支流。此时，通过影视技术和视觉艺术的结合，在游客们眼前呈现的是劳工辛勤开挖运河的情景以及弓身背纤拉船的场景；同时，河边的景点处有多名劳工正进行挖河挑泥筑堤的表演。这种虚实结合的表演形式和观演方式，赋予了观众新颖而深刻的感受。

在《如梦上塘》的实景演出中，第一、第二运主要阐述了秦始皇与隋炀帝对上塘河与大运河的开凿历史，接下来的第三、第四运，描绘了两位杭州市的“名市长”白居易和苏东坡的形象。白居易在诗中祈求杭州风调雨顺，人民安居乐业，而苏东坡两度担任杭州的官员，致力于谋求民众的福祉，使杭州富饶繁荣。河边大屏幕上展示了市民的商业活动和学子的读书场景。同时，河面上漂浮着新婚夫妇的两只小船，新娘身着艳丽嫁衣，新郎衣冠楚楚，面庞喜气洋洋。新娘被接上新郎的船后，伴娘驾着一只小船靠近游客们的游船，向游客们投掷喜糖，引发了欢笑声。

作为南宋故都的杭州，其运河也见证了历史的战乱与血雨腥风。第五运“运河风雨——壮志之河”，以歌颂岳飞和岳家军的英勇事迹为主题，展现了那段气壮山河的历史。舞台上，身着戎装的岳飞英姿飒爽，他咏唱《满江红》词作，表达着抗金救国壮志，使人不禁回想起他在杭州驻军，带领岳家军英勇抗敌的壮丽故事。此时，河道水管处喷发的火焰似乎让人感受到岳飞和岳家军的铁血决心。

游船的航行并未停止，而是迎来了另一艘小船，上面站着一位华丽装扮的女子，她婉转的吟诵声告诉我们她就是著名的女词人李清照。她的《如梦令》与岳飞的《满江红》形成鲜明对比，带领观众了解了婉约派词人的忧国忧民之情，以及豪放派词人的英勇壮志。同时，河岸山坡上又出现了伟大的诗人陆游。

| 将戏剧、电影、视觉艺术、水特效、装置艺术等跨界科技元素巧妙地融为一体，给人耳目一新的感受 （摄影：安洋）

岳飞、李清照、陆游及其诗词，让观众得以略窥宋代诗词的韵味，体验到其丰富多样的艺术风格与风采。

实景演出《如梦上塘》的引人之处，不仅在于其动人的叙事和丰富的表演元素，更在于其革新的表现手法和创新的科技应用。通过将戏剧、电影、视觉艺术、水特效、装置艺术等跨界科技元素巧妙地融为一体，它构造出一种尚无先例的“行进＋沉浸”式的观演方式，即既赋予了观众自由行进的空间，又让他们沉浸于整体的艺术表演之中。

这种独特的表演形式，使得观众可以身临其境地感受到上塘河千年历史的流转和更替。戏剧的张力、电影的魅力、视觉艺术的震撼、水特效的奇幻，以及装置艺术的创新，所有的这些元素都被融入到了舞台表演中，使得演出达到了一个全新的艺术高度。观众可以置身于这种“行进式表演和沉浸式观演”中，仿佛在船中游赏，而船又仿佛在画中游弋，全新的观演体验让人如梦如幻，仿佛穿越时空，回到了那历史的长河之中。

《如梦上塘》的产生，代表了中国对江南古运河文化实景演出的首次尝

在真正的河道上，“行进＋沉浸”式的观演方式，既赋予了游客自由行进的空间，又让他们沉浸于整体的艺术表演之中　（摄影：梁勇）

试。整个项目汇集了国内的顶尖艺术家团队，他们潜心研究、精心设计，最终以五十五分钟的时间，为观众展现出一个深度且广阔的历史舞台。在这个舞台上，将近百名专业演员、十三条演艺船、六条定制游船以及沿岸的七个运篇章，共同构成了一幅宏大且精细的画卷。

更值得一提的是，整个演出以世界文化遗产——杭州大运河为背景，通过横跨秦、隋、唐、宋至今的八位历史人物，深度阐述了上塘河的前世今生。每一位历史人物都以其独特的语言和行动，描绘了上塘河的历史面貌和文化精神，从而使观众在欣赏演出的同时，也能深入理解和感受到运河的千年历史和杭州的文化精神。这样一部历史的大剧，不仅生动展现了运河的沧桑历程，更向世人展现了杭州深厚的文化底蕴。

在真正的河道上，演绎江南水乡的风土人情，与自然夜景融汇在一起　（摄影：安洋）

总结起来，无论是从艺术表演的角度，还是从科技应用的角度，甚至是从历史传承的角度，《如梦上塘》都体现出了其独特的价值和重要性。它通过创新的手法和高科技的应用，使观众在享受艺术的同时，也能感受到历史的厚重和文化的深远，这无疑让它成了中国江南古运河文化实景演出的瑰宝。

六、城市的诗意照明

（一）诗意城市的概念

“诗意城市”的理念，超越了城市的物质属性和功能需求，试图构建一种能触动人心，充满情感的城市空间。在照明设计中，诗意城市的理念主要涵盖四个重要方面的体现。

城市个性化的追求是诗意城市的重要组成部分。它的理念并不满足于统一和规范，而是积极寻求突出城市的独特性和个性化。每座城市都拥有自身独特的地理环境、历史文化和社会气氛，这些都是构建城市诗意不可或缺的元素。在照明设计上，设计师需深度理解和挖掘这些元素，借由光的艺术语言来塑造和传达城市的独特性和特色。

诗意城市理念也着重强调城市的情感化。这个理念注重强调的是满足人们的情感体验和精神需求。在照明设计中，光不仅仅是视觉的工具，更是情感的桥梁。设计师可以通过巧妙地操作和运用光源——例如色彩搭配、照度调整、节奏变化等，以此创造出多种情感氛围，比如梦幻、浪漫、神秘、温馨等。这样，城市的夜晚就不再是冷漠和孤独的，而是充满了情感和诗意。

城市的互动化是诗意城市强调的另一个重要方面。它着重强调人与城市、人与人之间的互动和连接。在照明设计中，我们可以借助互动技术，让用户直接参与到诗意城市的创造和体验中。例如，设计反应用户行为的互动照明，可以让用户在互动中感受到光的魅力和诗意。

在诗意城市的构建过程中，照明设计发挥着至关重要的作用。设计师需要将艺术感知、创新思维和技术能力结合，借助光的艺术语言，将城市的个性、情感、互动和智能有机结合，塑造出充满诗意的城市空间。这样的城市将为人们提供全新的生活体验，使城市不仅仅是居住和工作的场所，更成为人们的精神家园。

（二）山水美学策略

“山水美学策略”，这个从中国传统文化中汲取灵感的景观设计理念，尝试将自然山水的元素和精神，深深地融入城市设计的全过程，以期创造出和谐、宜人且富有诗意的环境。在照明设计中，山水美学策略的具体应用可以表现在以下几个关键方面。

借景造势是中国传统园林中的一种独特设计策略，其主旨在于通过引入远景的自然或城市景观，使设计的空间感获得延伸和深化。设计者在进行照明设计时，可以灵活借鉴这一策略，透过光的投射和反射，将远处的景观优雅地融入近处的视野中，从而使空间的深度和广度得到显著提升。

在山水美学中，视线的引导技巧通过独特的布局和组合，将观者的视线巧妙地引向特定的景观或焦点。在照明设计领域，设计者可以透过光的强弱、色彩、节奏等的变化，引导观者的视线，从而凸显特定的景观或主题。

维多利亚港的夜景，强调的是人与城市、人与人之间的互动和连接 （摄影：梁勇）

自然山水中的光影变化可带给观者丰富的视觉感受和深刻的情感体验。在照明设计中，设计者可以充分运用光的特性，如透射、反射、折射等，创造出各种光影效果，例如山水间的朦胧、流动、静谧等，以此增强空间的动态感和诗意感。

模仿自然的形态在山水美学中是一种常见而有效的设计策略。设计者在进行照明设计时，可以借鉴这一策略，将自然元素的形态融入照明设计中，如模仿水的流动、风的摇曳、云的变幻等，通过光的变化，生动地再现自然的韵律和美感。

在现代设计实践中，山水美学的应用也需要依赖先进的科技手段。例如，通过使用机器学习算法，可以对用户的行为和感受进行精准的预测和满足；通过智能照明技术，可以实现光环境的实时调整，创造出变化丰富的山水空间。

综上所述，将山水美学策略运用到照明设计中，可以让城市的夜晚充满自然的韵律和诗意。设计者需要深入理解和掌握山水美学的精神和手法，并将其与现代科技手段结合，创造出充满自然美感和诗意的城市照明空间。

（三）生态科学策略

“生态科学策略”的核心理念倡导设计过程中充分考虑和利用自然生态系统的特性，以实现环境友好且可持续的设计目标。景观照明设计领域的生态科学策略运用可以在以下几个主要方面体现出来。

环境友好型设计在景观照明设计中占据了至关重要的位置。设计者的责任不仅是创造出美观的照明效果，更重要的是需要综合考量设计方案对环境可能产生的各种影响。这种影响涵盖了一系列环境问题，如光污染、能源消耗等。为了实现这一目标，设计者需要合理使用节能灯具，精心布局和调节，以防止光线对天空、水源等敏感区域产生干扰。特殊生物环境，如鸟类栖息地或昆虫繁殖地，对于光线的敏感性更高，因此设计者更需要谨慎，避免过亮的光源对这些生物产生扰动。

为了有效地避免光污染，设计者需要了解光污染的定义和影响。光污染是指由过度、无序或不适当的照明产生的对环境的有害影响，这种影响可能会对人类和动植物生态产生不良影响。为了避免光污染，设计者可以采取多种措施，如使用遮光罩来限制照明范围，或者使用低亮度、低色温的灯具来减少对天空和生态的影响。

在能源消耗方面，设计者需要选择高效、节能的照明设备。这不仅可以减少能源消耗，还有助于减少温室气体排放。在某些情况下，设计者还可以考虑使用可再生能源，如太阳能或风能，来驱动照明系统。同时，通过智能控制系统，可以实现照明设备的自动开关和亮度调节，从而进一步节约能源。

对于具有特殊生物环境的地区，设计者需要有更深入的了解和考虑。过亮的光源可能会干扰动物的生活习性，影响其繁殖和迁移。因此，设计者需要对这些生物的生活习性有足够的了解，以确保照明设计不会对其产生负面影响。

环境友好的景观照明设计需要设计者在深入理解环境影响的基础上，妥善选择照明设备，精细布局，以及合理调节光线，确保照明设计与环境的和谐共存。只有这样，我们才能真正创造出环保、可持续的照明环境，实现既美观又环保的景观照明设计。

在自然环境中，生物的活动往往受到光照的显著影响，例如昼夜节律和季节变化。借助动态照明技术，照明设计可以模拟这些自然规律，增强环境的生态性和舒适度。

采用可持续的照明技术是实现环保照明设计的有效手段。例如，太阳能和风能等可再生能源可以被用作照明设备的动力源。同时，使用可回收和环保的材料在设计过程中同样至关重要,可以降低产品在其生命周期内对环境的影响。

生物模拟设计可以通过模仿自然生物的特性，创造出符合人类视觉和生理需求的照明环境。例如，模拟昆虫的复眼结构，设计出能够自动调整亮度和方向的照明设备；或者模拟植物的光合作用，设计出能够通过光线产生能量的照明系统。

最后，人工智能与机器学习的技术也在照明设计中发挥了关键的作用。通过机器学习算法，设计者可以对用户的行为和需求进行精准的预测和满足，从而实现个性化的照明效果。同时，人工智能技术可以实现光环境的实时调整，以适应环境的变化。

生态科学策略在景观照明设计中的应用，能够实现环保、舒适、可持续的照明效果，并增强人与环境的和谐相处。设计者需要深入理解和掌握生态科学的原理和方法，并将其与现代科技手段结合，从而更好地尊重环境并满足人的需求。

（四）文脉主义策略

“文脉主义策略”的核心理念倡导将本土文化贯穿设计始终，旨在体现历史文化脉络与现代风貌的并重，通过设计让人们感受到文化的延续与发展。在景观照明设计领域，文脉主义策略的应用主要通过以下几个关键环节进行体现。

进行景观照明设计时，设计者需要深入理解并提取场所的历史文化元素。这一步骤可以通过文献研究、实地考察等方式来实现，这些方式提供了一个独特的视角，使设计师能够对场所的建筑风格、历史事件、人文传说等元素进行深入研究。这些元素不仅是照明设计的重要灵感来源，同时也是构建设计框架的关键基础。

在提取文化元素之后，设计者需要通过灯光的布局、色彩、亮度等设计手法，使这些文化元素在夜晚得以突显，从而形成独特的文化符号。例如，设计者可以利用灯光来强调历史建筑的轮廓，或者通过特定的色彩和节奏来再现某一历史事件，从而使设计成果充满文化内涵。

在尊重和提取历史文化元素的同时，设计者也需要积极引入现代照明技术和理念。通过这种方式，设计成果不仅能体现出历史文化的深度，还能展现现代科技的魅力。例如，设计者可以利用 LED 和光纤等现代照明设备，实现灯光的动态变化和个性化控制。

此外，通过机器学习算法，设计者可以根据用户的行为和反馈，调整灯光的状态，使设计更加人性化和智能化。这种方式不仅能增强用户的参与感，还能使设计成果更加贴合用户的需求。

总体来说，文脉主义策略在景观照明设计中的运用，使设计成果在具有文化深度的同时，也展现了现代科技的魅力。文脉主义策略在景观照明设计中的实施，理论上讲，将设计的成果推向了新的高度，它们在深深地根植于文化传统中的同时，又彰显了现代科技的独特魅力。设计者为了实现这一策略，需要对历史文化内涵进行深入理解和掌握，同时要巧妙地运用现代照明技术和机器学习算法。

深入理解和掌握历史文化的内涵对于设计师来说，是实现文脉主义策略的关键。这要求设计师不仅需要熟悉地域的历史文化背景，还需要理解其中蕴含的意义和价值。这种理解将赋予设计者以独特的视角，使他们能从历史和文化的深度出发，创造出充满历史感和文化韵味的照明环境。

然而，仅仅理解和掌握历史文化的内涵是不够的。设计师还需要灵活运用现代照明技术和机器学习算法，以创造出既具有文化韵味又富含科技感的照明环境。例如，设计师可以通过运用现代照明技术，以独特的光影效果展现历史文化的美感；同时，设计师也可以利用机器学习算法，调节照明环境，使其能更好地融入周围的环境和场景，从而进一步强化其文化表现力。

因此，文脉主义策略在景观照明设计中的运用，需要设计师在深入理解和掌握历史文化的内涵的基础上，灵活运用现代科技手段，以实现文脉主义策略的深度应用。这种深度应用不仅将创造出充满文化韵味的照明环境，同时也将展现出现代科技的独特魅力，从而为人们提供一个既富有历史和文化内涵，又具有现代科技感的照明环境。

（五）诗学修养策略

"诗学修养策略"着重强调艺术性和情感化表达的设计理念，它通过设计工作创造出一个让人产生共鸣、感受到诗意和美感的环境。在景观照明设计中，诗学修养策略的应用主要体现在以下几个关键环节。

光影在照明设计中的地位无可替代，它是一种根本性的要素。光源的细微变化不仅能激发多变的视觉效果，还能引发深远的情感体验。这种细腻的感受，从某种程度上，成了评价照明设计是否成功的重要标准。

照明设计者在创造出充满艺术感的光影效果时，面临着多个关键的调整因素，包括但不限于光源位置、色温和亮度。这些因素之间的关系并不是孤立的，而是相互影响，形成一个复杂的系统。设计师需要投入极大的精力去熟悉和掌握这些因素，以便精确地操控光源，使其达到预期的艺术效果。

设计师的职责不止于此。他们还需创造出诸如朦胧、流动、对比强烈等光影效果，这些效果都需要光源进行精心的调节和塑造。朦胧的光影可以营造出神秘而梦幻的氛围，流动的光影则能给人带来无尽的遐想，对比强烈的光影更能凸显事物的形态和质地，进一步引发观者的情感共鸣。

值得一提的是，优秀的照明设计不仅能达到以上的视觉效果，还能激发出观者的想象力。这是因为光影不仅仅是视觉感知，更是一种情感的引导。当观者在欣赏照明设计时，他们不仅会被光影的美所吸引，也会被光影激发出的情感所感动。

在照明设备的设计中，设计者需要挑战传统的形式，创新以表达诗意的情感和主题。这可能通过模仿自然形态、提取文化符号、运用抽象图案等方式实现。例如，设计者可以借鉴星空点点的效果，利用微弱而众多的光源模拟星空，以此表达宁静和浪漫的情感。

颜色是表达情感和主题的强有力的手段。设计者可以根据需要引导的情绪和主题，灵活地运用颜色，让照明环境充满情感和诗意。例如，暖色调的光源能够创造出温暖舒适的氛围，而冷色调的光源则能表达出宁静清爽的情绪。

动态设计则是增强照明设计诗意感的重要手段。通过运用现代科技手段，如LED、光纤、智能控制系统等，设计者能够创造出光线的动态变化，如闪烁、流动、渐变等，从而使照明环境充满生命力和动态美。

除此之外，智能化的互动体验也是照明设计中的一种创新应用。借助机器学习算法和传感器技术，设计者可以让照明设备根据用户的行为和环境的变化，自动调整其状态，实现个性化和智能化的照明效果。这种方式不仅能增强用户的参与感，也能使照明环境更具生命力和趣味性。

总的来说，诗学修养策略在景观照明设计中的运用，旨在创造出一种充满艺术性和诗意感的照明环境，从而激发人们的想象力和情感共鸣。为了达到这个目标，设计者不仅需要对诗学修养策略的核心精神和具体方法有深入的理解和掌握，还需要探索如何将其与当下的科技手段融合。

诗学修养策略的精神和方法要求设计者深入探讨人类情感的复杂性和独特性，以及如何通过照明设计表达这些情感。这意味着设计者需要对人类情感有深刻的理解，包括情感是如何被触发的，以及不同的光影效果如何影响观者的情绪反应。这些理解为设计者提供了一种全新的视角，使他们能够从情感出发，而不仅仅是从视觉效果出发去思考照明设计。

同时，诗学修养策略还要求设计者寻找新的设计方法和技术，将诗学的精神与现代科技手段结合。这包括运用LED、光纤、智能控制系统等现代科技手段，创造出动态、互动的照明环境，进一步增强照明设计的诗意感和艺术性。这种科技与艺术的结合，不仅为照明设计提供了无限的可能性，也赋予了照明环境更丰富、更生动的表现力。

因此，诗学修养策略在景观照明设计中的应用，需要设计者在理解和掌握诗学精神的基础上，运用现代科技手段，创新设计方法，以创造出一种富有艺术感和诗意的照明环境。这种环境不仅能触动人们的情感，也能激发人们的想象力，从而带来更深层次的美的体验。

七、城市诗意照明实践案例

随着城市化步伐的快速推进，城市建设对于夜景照明的需求在逐步升高。夜景照明在塑造积极的城市形象和提升市民生活质量上的作用日渐显著。它已经从一项纯城市照明需求转化为一个具有独立性的规划体系。然而，缺乏有效的管理办法会导致夜景照明出现问题，这不只会给城市美观和城市功能带来负面影响，也会导致资源的大量浪费。

现如今，由于基础资料的快速增长，城市夜景照明在总体规划和详细规划阶段都缺乏系统性的、针对性强的设计依据和规划方法。规划管理部门在实际操作过程中缺乏规范性和操作性并存的夜景照明规划管理体系。

针对这种现象，我们需要对当前我国城市夜景照明规划的主要研究要点进行系统性的分析。首先，我们需要以夜景照明的持续发展为目标，需要制定明确的规划目标和指标，确保夜景照明与城市的性质、定位和特色相符。其次，可以采用信息码参量控制法和动态数据库作为规划控制和管理的技术手段。信息码参量控制法可以通过建立标准化的指标体系，对夜景照明进行定量评估和控制。动态数据库可以收集和管理夜景照明相关的数据，实现对夜景照明的动态监测和管理。最后，需要结合夜景照明规划的具体策略和方法，构建完善的城市夜景照明规划系统。这个系统应该包括规划目标、规划原则、规划方案和实施措施等内容，以确保夜景照明与城市各类景观和环境资源的有机融合。

通过建立完善的城市夜景照明规划系统，可以减少资源的浪费和不良视觉形象的干扰，实现城市外部形象与社会、经济环境的协调统一。同时，这个系统还可以促进夜景照明的可持续发展，使其符合城市的性质、定位和特色的统一要求。

（一）城市照明规划的概述

城市照明规划是一项涵盖城市照明系统设计、实施和管理的综合活动。这一规划的主要目标是创建一个既美观又实用的夜间城市环境，通过科学的、艺术的手法在满足人们基础视觉需求的同时，突出城市的个性和文化，提升城市形象，优化生活环境，促进社区经济发展，同时也要兼顾能源效率和环境保护。

城市照明规划通常包括以下几个关键部分：

现状评估。对当前城市照明设施的布局、亮度、色温等基础信息进行详细的调研和评估。

需求分析。理解和定义城市不同区域（例如居民区、商业区、工业区等）的照明需求，考虑包括公众安全、功能需求、审美需求、文化表达等在内的多方面因素。

目标设定。根据现状评估和需求分析设定可衡量的目标，这可能包括提高某些区域的亮度、减少能耗、提升视觉效果等。

设计和实施。这是将目标转化为实际行动的阶段。设计应包含具体的照明设备选择、布局规划，同时考虑经济性、实用性、可持续性等因素。在实施阶段，要严格按照设计图进行安装，以确保达到预期的效果。

评估和调整。执行完成后，进行定期评估，以确认是否达到预定目标，如有必要，应进行调整。

管理和维护。对于任何照明系统，都需要进行有效的管理和维护，以保证其长期的良好运作。

在城市照明规划中，不同类型的照明如道路照明、建筑照明、景观照明、广告照明等都需要予以考虑，而且这些元素需要协调一致，共同创造一个完整的夜间城市视觉环境。在具体实施过程中，常常需要跨学科的合作，人员包括照明工程师、城市规划师、建筑师、电气工程师、环境科学家等。此外，广大公众的参与也非常重要，他们的反馈可以帮助改进规划，以更好地满足社区的需要。

（二）城市照明规划原理及方法

城市照明规划是为了提升城市的夜间景观视觉效果，改善城市环境，增强城市的特色和魅力，同时保证公共安全，提高居民的生活质量而进行的照明设计和规划。

规划的基本原理：

照明效果。通过合理的照明设计，提高夜间照明的效果，增强城市的夜间景观效果。

环境保护。考虑照明对环境的影响，控制光污染，同时尽量降低能源消耗。

安全性。保证人们在夜间活动的安全，如交通照明、公共场所照明等。

功能性。考虑不同场所、不同活动的照明需求，进行有针对性的照明设计。

规划的方法。先进行城市照明现状的分析，明确当前照明设施的布局、功能、特点等。了解并分析城市的特色、文化背景、发展方向等，以此为基础进行照明设计。根据城市的功能区划，进行照明设计。比如，商业区的照明设计需要突出活跃、繁华的氛围；居民区的照明设计需要考虑舒适、宁静的氛围等。对于重要的地标、文化遗产等，需要进行特殊的照明设计，突出其特色和意义。制定照明设施的建设、维护、更新等管理制度。最后，需要对照明规划进行评估，以检查其效果，提供改进的依据。

当代城市的夜景照明规划已经成为城市规划的重要组成部分。在探索夜景照明规划方法的同时，也必须关注城市管理体制的变革。在我国不同地区，夜景照明规划设计和管理制度存在一定程度的不同，有些城市在夜景照明的管理主体方面比较模糊，涉及的管理部门多，包括交通、市政、市容、建设和规划等。因此，建立合理的管理体系、明确各相关部门的功能触角，并通过信息码参数控制法，构建起动态数据库来实现智能化的一站式管理，是城市夜景照明发展的正确路径。

通过对城市夜景照明实施标准化和智能化的管理，可以充分发挥夜景照明在城市经济和景观上的作用，提高城市环境的质量和城市的吸引力，实现夜景照明的可持续性发展。规范化管理包括制定明确的夜景照明规划和设计标准，确保照明设施的合理布局和使用，以达到节能、环保和舒适的效果。智能化管理则利用先进的技术手段，如物联网、大数据和人工智能，实现对照明设施的远程监控、调节和管理，提高管理效率和响应能力。

城市夜景照明的规划和管理需要综合考虑城市的发展需求、居民的生活需求和环境保护的要求。在规划过程中，应注重保护和弘扬城市的历史文化遗产，将夜景照明与城市的特色和形象融合。在管理过程中，要加强与社区居民的沟通，鼓励居民提供意见和建议，共同营造宜居的夜间环境。

此外，城市夜景照明的规划和管理还应注重能源的节约和环境的保护。采用高效节能的照明设备、合理控制照明亮度和时间，避免光污染和能源浪费，达到可持续发展的目标。

所以说，通过对城市夜景照明的规范化和智能化管理，可以提升城市的环境质量和形象魅力，实现经济、景观和环境的协调发展。在规划和管理过程中，应注重合理的管理体制和机制的建立，加强与社区居民的互动和参与，注重能源的节约和环境的保护，实现城市夜景照明的可持续发展。

（三）山东滨州城市照明专项规划——诗意照明规划设计实践案例

《滨州市城市照明专项规划（2021—2025 年）》具有系统完备的结构，包括九个部分，即：总则、现状评估、功能照明、景观照明、景观照明布局、绿色照明、规划指引、实施策略以及实施保障。此规划主要关注的地理范围包含滨州市的核心区域，其中涵盖滨北片区、高新片区以及沾化城区。在全面分析滨州市的城市发展规划，“四环五海”的城市布局以及其他具体战略之后，本规划对道路以及公共空间的功能照明和景观照明进行了深入细致的规划设计。

此外，针对滨州城区及沾化区内的主要河流水系、公园景观、特色桥梁以及特色建筑等重点区域，都进行了专门的照明规划设计，且已确立了滨州“走进黄河”生态发展的照明定位。规划的目标旨在通过独特而优美的照明设计，展现滨州市“国内名城”的风貌和“齐鲁神韵”的城市夜景，以此彰显滨州的“人文光彩”，并推动充满“魅力”的富强滨州的建设。

《滨州市城市照明专项规划（2021—2025 年）》融合了国内外城市照明的先进理念和实践经验，其目的在于为滨州市城市景观照明的发展和城市建设提供科学的方法和有效的路径。此规划力求全面提升滨州市城市景观照明的技术和艺术水准，期望达到“总体规划、分步实施、提高水平、创造精品、提高档次、加强管理、国际水准”的城市景观照明建设目标。针对城市的历史文脉及滨州的文化特色，结合“四环五海、生态滨州”的城市布局，对滨州市城市照明的格局进行了科学的规划和合理的调整，并对主城区的功能性照明和景观性照明提出了具体的建设发展要求。

《滨州市城市照明专项规划(2021—2025 年)》分为功能照明和景观照明两部分。功能照明结合城市道路实际使用情况，将城区的主干道、次干道划分为四个等级，以提升安全为前提，以低碳舒适、智慧高效为原则，并对四个照明等级在色温、亮度(照度)、眩光控制、环境比、引导性等主要指标进行限定。规划范围内主干道共8条，次干道共52条道路，一起形成城市夜景架构。景观照明根据城市夜景观空间结构分为“三带十一片区多节点”的城市夜景观空间结构。“三带”为秦皇河景观带、新立河景观带、秦台河景观带；“十一片区”为城市活力片区、行政服务片区、商贸核心片区、东部新城片区、湿地生态片区、黄河传承片区、高铁迎宾片区、高新发展片区、科技创新片区、凤凰古韵片区、枣乡安居片区；“多节点”为滨州南、西、北高速出入口，分布在城区主要的水系桥梁、主要的特色建筑物及构筑物。根据城市用地分类与使用属性，对城市照明结合城市区域属性进行划分，并对照明在色温、亮度、照度、眩光控制、环境比、引导性等主要指标进行限定。

《滨州市城市照明专项规划(2021—2025年)》作为滨州市城市照明建设的重要指导文件，为城市的管理工作提供了规划建设的要求和依据。同时，规划还提出了近期的建设计划、实施策略和行动计划建议，以保证规划的可实施性。

立体化的夜景景观长廊，延伸中海景区的旅游功能，提升滨州城市的整体形象，以点串线，由线到面，从不同角度构成立体的中海夜景 （摄影：梁勇）

对于滨州市城市照明建设，这份规划提供了技术规范要求，为下一步的城市照明详细规划及设计提供了明确的指导。

（四）法国里昂城市的照明设计——诗意照明设计实践案例

法国里昂，因其独特的城市照明策略，被誉为世界的“光之都”。里昂的灯光规划并不仅仅是出于美学的考虑，而是以解决实际问题为出发点，比如提高夜间的安全性，突出城市的历史和文化特色，以及改善居民的生活质量。

里昂的城市照明规划着重于展示城市的历史和文化特色，强调历史建筑和文化地标的照明设计。同时，规划也考虑到了功能性和节能效果，强调在保证夜间安全和视觉舒适的同时，减少能耗和光污染。

公共空间的照明设计。里昂的照明规划并不局限于主要街道和建筑，还延伸到了公园、广场和河岸等公共空间。通过合理的照明设计，提高了这些地方的夜间使用价值，为市民创造了舒适的夜间公共环境。

照明艺术。里昂的照明规划将照明设计提升到了艺术的高度。许多建筑和公共空间的灯光设计都由艺术家和设计师负责，通过创新的照明手法，赋予了这些地方独特的视觉效果和意象。

可持续发展。里昂的照明规划也注重可持续发展，大力推广使用节能灯具和智能照明系统，以减少能耗和碳排放。在照明设计中，也尽可能地减少了光污染和生物环境的影响。

灯光节。里昂每年都会举办著名的“灯光节”，这是一场持续四天的灯光艺术盛会，吸引了全球的游客和艺术家。这个节日源于里昂市民的传统习俗，现已发展成为一个集合了最新的灯光技术和艺术创新的大型活动。

里昂灯光节不仅仅是一场光艺术饕餮大赏，更成为里昂对接世界的端口和钥匙，成为里昂最具代表性和知名度的文化名片，亦是里昂人文精神的集中体现。里昂灯光节的成功是多方面、多维度、体系化运营管理的结果。

里昂灯光节是目前世界上起源最早、知名度最高、影响力最大的国际性灯光文化活动。今日呈现的人声鼎沸、声名远播之盛景，绝非一蹴而就，既有其悠远的起源与发展历程，又有其在运营上的精心布局与策划，还有其在艺术品质上的孜孜不倦的探索与追求。

1. 时间轴的沉淀积累

1989 年，里昂根据城市发展、经济促进和文化传播的需要，政府、技术、艺术等多个部门协同努力，制定了里昂照明规划，将灯光节发展成为该城市的一大文化盛事。自此以后，每年 12 月 8 日至 11 日成为固定的活动周期。经过近 30 年的举办，里昂灯光节已成为世界上最早、最知名、最有影响力的国际性灯光文化活动之一。这一成功不仅归功于其悠远的起源和发展历程，还归功于在运营上的精心布局和策划，以及对艺术品质的不懈探索和追求。

全盘统筹的策划与管理。里昂灯光节作为一项大型社会群体性活动，其成功离不开政府、企业和个人等多个层面、多个行业的统筹和配合。一个成功的灯光节带来的红利实际上是由举办城市各行各业共同分享的。因此，投入应该经过精心统筹和策划，需要各行各业的联合努力和付出。如果只让某个行业甚至某个企业全力筹办，最终的回报往往被其他行业间接收割，导致实际承办方或企业亏损并抱怨，从而导致来年预算缩减、品质降低，甚至无人接手，可持续性更无从谈起。因此，前期的策划和统筹工作至关重要，要让所有涉及的行业和人员在一个整体规划下有序运转，使艺术、技术、组织、经营、安保和服务等多个环节协同合作，共享红利，实现良性发展。

创新的长尾消费模式。里昂灯光节并没有依靠门票收入或灯光作品本身直

索恩河两岸的夜景景观长轴 （摄影：梁勇）

| 里昂 Bellecour 广场上的灯光小品装置　（摄影：梁勇）

接创收。相反，它通过其他环节的旅游收入实现了全盘统筹下的盈利。然而，国内许多灯光节的实例表明，仅靠灯光作品本身来创收往往难以实现收支平衡，不亏损已属不易。因此，必须以灯光作品为基点，以灯光节为源头和契机，拉长游客的消费链条，增加人均消费额，实现盈利，保持良好的可持续发展态势，即形成所谓的“长尾消费”。

延长消费链条的一种模式是像里昂那样，通过吃、穿、住、行等其他消费形式来回补灯光节本身，这是一种常见的运营模式。另一种创新的、更高效的运营理念是以灯光作品为端口和界面，以物联网交互技术为支撑，将灯光作品与其他消费形式直接连接起来，实现长尾消费的目标。这种模式通过后台系统直接按比例分成，以灯光作品为媒介，将消费者引导到其他相关产品和服务上，是一种创新的思路。

2. 空间轴的规划布局

里昂灯光节每年大约展出 40 ~ 50 个作品，主要集中在索恩河两岸的老城区和富维耶山面向索恩河一侧的区域内。游览区域面积较大，没有明显的边界，并且不售门票。这对整个游览线路的规划提出了较高的要求。

里昂灯光节中的游客 （摄影：梁勇）

里昂灯光节的游览区域没有明显的边界和指示，组织者通过经济、实用、艺术化的手法解决了这个难题。其中，光色是解决这个问题的关键。主办方通过改变常规的、现有的城市功能性照明的光色，将主要的游览区在夜晚的城市基底渲染成不同的色彩，使游客能够清晰、迅速地识别出灯光节游览区的位置和范围。主办方基本上以索恩河为界，将位于河西的老城区和山区呈现为神秘而高贵的蓝色系，而位于河东的商业区则用鲜艳醒目的红色进行布置。

不同的灯光色彩可以带来不同的视觉敏感度和刺激，通过这种手法将空间的区域和边界进行标定，既切合主题又十分简捷高效。这种光色的变化是通过滤色片等传统技术手段实现的，虽然滤色片的寿命相对较短，但其低成本和易装卸的优势也非常明显。主办方用这种经济性很高的方法解决了数量众多、范围广的区域标定问题。

这种光色的变化不仅渲染了节日的氛围，还具有经济高效的特点。光色的变化在视觉上热烈、愉悦，能够完美烘托节日的氛围。此外，这种方法的成本相对较低，其低成本和易装卸的优势使其成为经济高效的选择。

丨 索恩河的滨水界面中的灯光小品装置　　（摄影：梁勇）

光色的变化切合了主题，没有围栏、大量的道旗广告等元素。通过光色的差异化，尤其是红色，节日的氛围得到了恰到好处的烘托。这种光色的变化是基于现有城市要素进行设计实施的，没有对现有城市景观产生明显影响。大型的灯光作品基于现有的城市要素进行设计，如广场上的摩天轮、河边建筑的立面、山上的大教堂和现有的城市雕塑等。这样保持了现有古城面貌的完整和和谐。

新增的灯光装置在形式和尺度上与周边环境协调一致，高度和规模根据所处环境进行打造，实现了因地制宜、融合共生的目标。还有一些灯光装置完全附着于现有的城市元素上，顺势而为，形成了与环境亲密无间的光艺术作品。

里昂灯光节通过光色的标定实现了游览区范围的界定，光色的变化创造了不同的视觉体验和氛围。灯光与城市的融合和强化使得灯光节作品与城市空间完美结合。这种创新的运营和管理方式为灯光节的成功提供了关键支持。

3. 强化城市意象的体现

里昂灯光节的作品设置的位置和形式，非常符合凯文·林奇所著的《城市意象》，其书中对城市意象组成描述分为区域、道路、边界、节点和标志物这五要素。里昂灯光节对能凸显城市形象和文化的要素进行了精心提炼，并通过灯光进行了强化。具体表现如下：

首先是区域。整个灯光节设置在沿河两岸的老城区，通过光色对游览区进行标定和区分。光色的变化使游客能够清晰迅速地识别出灯光节游览区的位置和范围。

其次是道路。整个游览区内，照明的作品主要围绕三类道路进行布置，包括主要的商业步行街、索恩河滨水步道以及老城区内的步道路。这些道路本身也是城市的主要脉络。

第三是边界。索恩河的滨水界面是这个区域城市景观中最重要和醒目的边界，灯光节将索恩河靠山的一侧作为凸显滨水边界的灯光艺术展示面，设置了联动的投影秀及光束灯表演等惊艳的作品。

第四是节点。灯光节在 Bellecour 广场设置了大型的灯光演艺和装置，成了最具人气和代表性的灯光节核心景点。在街道穿梭的商业区及老城区内，一些局部的小广场上也都有比较重要的光艺术作品呈现。这些节点的设置形成了网状化的游览体系。

最后是标志物。在网状化的游览体系下，标志物的作品就像闪耀的宝石，成为最具代表性和吸引力的灯光节作品与象征。在商业区 Bellecour 广场的摩天轮和老城区山上的大教堂成了两个片区的标志物，人们远远就能看到。

基于空间的线路规划。里昂灯光节的游览线路规划具有特色，它并不根据灯光作品进行引导，而是根据城市空间和地貌的特点规划了几条各具特色的线路供游客选择。每条线路所看到的艺术作品和城市景观都不同，充分展现了里昂自身的城市魅力。这种规划不仅能够实现人群的均衡分布，避免短时间内人流的聚集，还能够为沿线商家带来经营上的益处。

在灯光节的旅游资料中，通常会提供一张游览线路图，展示了几条主要线路，如商业区、老城区、滨水区、开放空间和特色步行道等。这些线路根据城市空间和元素进行分类，每条线路都有其独特的特点和亮点，游客可以根据自

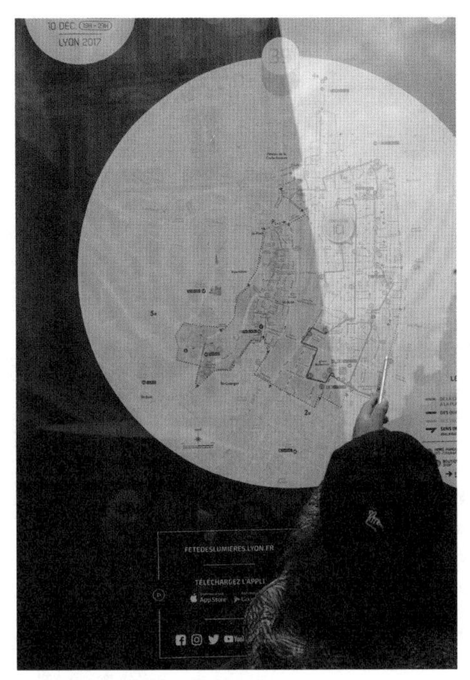

丨 街道上随处可见的路线图　　（摄影：梁勇）

丨 窗台上放置的蜡烛，传递着灯光节的起源和文化　　（摄影：梁勇）

己的兴趣和偏好选择适合的线路进行游览。

4. 线上线下的立体协同

线下——立体化的宣传与文化渗透。里昂灯光节通过线下的宣传与文化渗透，将活动的信息传达给游客，并深度融入城市的各个角落。广告宣传是其中重要的一环。从机场到酒店、餐厅、街头，都可以看到关于灯光节的宣传和介绍。酒店房间的书桌上摆放着精美的灯光节地图和作品介绍，登记入住时，服务员还会附送一份宣传资料。灯光节的广告和导识系统利用城市原有的广告宣传界面和设备设置，通过微小的展示面，如商店橱窗的一角、街头路牌的一行、街边杂货亭的一面等，将宣传信息传达给游客，使他们感到方便和亲切，让他们感觉到灯光节真正融入城市的各个角落。此外，灯光节还注重文化的渗透与推广。灯光节最早形式是居民自发在窗前放置蜡烛来感谢圣母玛利亚的解救之恩。这种窗前放置蜡烛的形式成了里昂灯光节的传统和标志，在游览区的大街小巷随处可见。在酒店房间里，书桌上放置着蜡烛和简要说明，告诉客人灯光节的传统形式，

建筑照明通过光影变化，呈现出与白天迥异的效果 （摄影：梁勇）

并鼓励游客参与其中，或将蜡烛作为纪念品带走，这也是对里昂灯光节文化的传播和传承。

线上——导览、互动、传播。除了线下的宣传，里昂灯光节还有一个专门的 APP，提供游览线路、设计作品、历年回顾、互动参与、生活服务等功能。这个 APP 集游览引导、交互参与、文化传播等多种功能于一身。在游览线路板块中，结合主办方的游线规划，让使用者可以自由选择并安排游线，标注自己喜欢或想去的作品位置，非常方便。同时，通过这个 APP，游客可以参与对最喜欢的三个作品的投票活动。这个 APP 让游客在虚拟空间中更全面地了解和认知灯光节，同时主办方也可以通过这个 APP 了解游客对城市和作品的喜好，积累真实有效的数据，为未来的活动提供更好的指导。

5. 创新——四个层次的策划与呈现

里昂灯光节的 41 个作品可以根据特点和规模分为四个层次，分别是环境氛围照明、装置装饰照明、光影演艺照明和交互体验照明。这些作品的相互映衬和对比，丰富了灯光节的整体效果和多元化的体验感。

| 多彩夸张的建筑照明，营造出街道的特色　（摄影：梁勇）

首先是环境氛围照明，用光照基底营造整体的环境氛围。其次是装置装饰照明，通过装置艺术作品的照明营造主流层面的视觉效果。光影演艺照明是点睛层面，通过光影的变化和表演展现灯光的魅力。最后是交互体验照明，创新层面的作品通过与观众的互动，使观众参与到灯光节中，获得更丰富的体验。

通过这四个层次的策划与呈现，里昂灯光节展现出了多样化的灯光作品和丰富的体验，使整个活动更加生动和吸引人。

总结起来，里昂灯光节通过线下的宣传与文化渗透以及线上的导览、互动和传播，将活动信息传达给游客，并深入城市的各个角落。通过四个层次的策划与呈现，灯光节展现了多样化的作品和丰富的体验，使整个活动更具吸引力和独特性。这种立体协同的运营方式使得里昂灯光节成为一场成功而难忘的文化盛事。

环境氛围照明——光照基底。里昂灯光节以光色来标定展区范围和区分区域特色，形成了独特的环境氛围。这一层面的照明作品采用简单的提升改造，将道路照明灯具变得更有色彩，营造出大面积的光环境，成为整个游览区的

每条道路悬挂不同的装饰小品，具有很强的辨识度 （摄影：梁勇）

基底。游客在这些令人兴奋而热情的色彩中浸润，感受到灯光节的特色化和标志性。

装置及装饰照明——主流层面。这一层面的照明作品主要分为两个子类别。一类是以装饰照明为主的节日灯饰，比如树上悬挂的艺术灯具。另一类是以灯光为题材的中小型装置艺术作品。这些作品规模较小，多采用色彩和动态变化，有些还结合了音乐进行展现。这些作品构成了灯光节的主流作品层面，展示了各种奇思妙想的创意和艺术效果，穿插在大街小巷之间，给人带来惊喜和感动。

光影演艺照明——点睛层面。除了主流作品层面的装饰照明，灯光节还设置了一些具有典型性和标志性的大型灯光演艺照明作品，作为整个灯光节的点睛之笔。这些作品多数采用投影技术，结合声光电等多种手段进行艺术展演。它们一般位于较大的广场、滨水景观带等位置，具有适当的视观距离和人流容纳能力。其中最具代表性的作品包括 Bellecour 广场上的摩天轮光影秀、索恩

灯光节上交互的装置与游人互动，吸引了大量的参与者　（摄影：梁勇）

河西岸滨水的建筑立面投影秀，以及老城区山脚的教堂的立面投影秀。此外，还有一些在建筑或庭院内部的光影秀，营造出封闭空间中的场景感和神秘感，吸引了大量游客的关注和参与。

交互体验照明——创新层面。在40多个作品中，还有一些结合了交互感应技术的作品，将游客的参与度作为作品呈现的一部分，实现了游客的沉浸式体验。其中一例是来自中国光艺术创作团队与法国技术人员共同完成的作品“雨打芭蕉”。它位于富维耶古罗马剧场，利用灯光形成的花海、芭蕉林、云朵等形象，结合广东民乐《雨打芭蕉》的伴奏，通过程控编辑预设的灯光效果，创造了沉浸式的交互体验作品。游客可以通过感应设备，利用手势变化来改变光的亮暗、变化频率、声音效果等多种参数，实现了人的行为和心理变化的可视化映射。这种创新性、趣味性和观赏性兼具的作品吸引了大量游客的参与和欣赏。

通过以上四个层次的策划与呈现，里昂灯光节展示了不同层次的灯光作品和丰富的体验，使整个活动更加生动和吸引人。每个层次的作品都具有独特的特点和艺术效果，共同构成了灯光节的多样化和丰富性。游客在灯光节中可以感受到不同层次的光的魅力和艺术表达，享受到与作品互动的乐趣和沉浸式体验的奇妙。

总的来说，法国里昂的灯光规划以其独特的视角和方法，赋予了城市新的生命和魅力。通过每年一次的国际灯光节，提升了城市的形象，增加了城市的活力，提高了市民的生活质量。

八、新时代背景下夜经济发展需求

（一）城市夜经济发展的现状

城市夜经济的发展和现状是一项复杂而又深远的议题，与社会经济的快速发展、生活水平的提高、城市文化的积累以及繁荣程度的反映等多方面因素有关。随着夜间经济在城市经济中的占比逐渐提高，其对于城市经济的贡献以及潜力也日益得到重视。城市夜经济所包含的消费活动多种多样，既有物质需求的满足，也有精神文化需求的探寻，推动着城市经济的升级和转型，为城市生活带来更多的活力和色彩。

1. 城市夜经济发展概述

在我国，夜间经济的发展历史可以追溯到 20 世纪 90 年代初，自此之后，我国城市夜经济经历了从延长营业时间、粗放经营到集约化经营的发展阶段，形成了现在的多元化夜间消费市场。城市夜经济的发展，不仅推动了城市经济的增长，也满足了市民的多元化生活需求。然而，夜经济并非简单地将白天的商业活动延续至夜晚，它需要更深层次的市场机制设计、更细致的配套服务设施、更科学的空间布局以及更丰富的文化元素注入。

大多数城市对夜经济的发展做出了一些努力，例如改造城市环境，强化亮化工程，丰富城市的业态和休闲配套等。夜经济的发展往往围绕城市商务中心、自然或文化遗产地区、城市中心“边缘地带”的空间布局展开。比如，商业区中心地带和历史遗迹等旅游景区边缘都是开展夜经济的主要场所，这不仅吸引了游客前来观赏，提升了城市旅游业的活跃度，也加深了人们对城市文化历史的了解。

2. 城市夜经济发展现状

陷入概念误区，缺乏文化内涵。

当前城市夜经济的发展面临一些挑战。首要的问题是在夜经济的理解上，有些城市过度侧重于环境的装饰和亮化，忽视了对夜经济的文化内涵和产业潜力的挖掘。夜经济不仅仅是延长白天的商业活动，而应该是一种全新的经济形态，需要整合各种资源，提供丰富的产品和服务，注重消费者的体验，具备一定的文化内涵。

产品供给单一，市场促销手段有待提高。

目前城市夜经济的产品供应和市场推广方式也存在一定的局限性。比如，夜经济的产品主要集中在餐饮、灯光秀、购物、游船等领域，而在文化、竞技、体育、表演等方面则相对匮乏。这一方面限制了消费者的选择，另一方面也影响了夜经济的竞争力和吸引力。

忽视科学规划，配套设施与服务落后。

许多城市在夜经济的规划和建设上仍存在不足，科学合理的规划和充足的配套设施是夜经济健康发展的基础。一些城市在夜经济的开发中，出现了"空降"夜间功能区的情况，忽视了对周边环境和社区影响的考量，这导致了一些地区的夜经济发展与城市整体环境格格不入，成为制约夜经济发展的因素。

文化内涵挖掘不够，品牌培育不够丰富。

当前城市夜经济的品牌建设也面临挑战，尤其是在文化内容的开发和挖掘上。虽然一些城市已经开始探索文化消费和体验消费，但整体来看，城市对于文化的消费、历史人文的关注度还不够，夜间的文化活动和场所相对较少。同时，品牌的培育和推广也还处在起步阶段，夜间经济的活动场所相对分散，发展规模较小，无法充分满足消费者的需求。

总的来说，城市夜经济的发展是一个综合性的工程，需要政府、企业和社区等多方面的努力。要优化和发展城市夜经济，首先需要正确理解夜经济的含义，挖掘其潜力，以一种全新的方式将其融入到城市的生活中。其次，需要在产品供给、市场推广、规划建设和品牌培育等方面进行深入的思考和探索，提供更丰富、质量更高的产品和服务，使夜经济真正成为满足市民生活需求、推动城市经济发展的重要力量。

（二）城市夜经济发展的主要特征

1. 文化性

城市夜经济的发展，其核心目的是满足城市居民的休闲娱乐需求。如今，我们正处在一个新的时代，一个高速发展的消费时代，人们在满足物质需求的同时，对精神文化的需求也逐渐凸显。城市夜经济以其强大的吸引力，正成为人们满足精神文化需求的重要场所。

相较于单一的夜市经济模式，夜间经济的发展有着更深厚的文化底蕴。其不仅深深植根于城市的历史文化和民俗习惯，还在建设进程中紧致地贯穿着绵延的传统文化内核。在实践夜间经济发展战略的过程中，大城市需基于对本地传统文化的维护，结合城市自身的经济发展优势，进行 系统化改革，打造集餐饮、文化旅游、购物和休闲娱乐等为一体多元化的经济模式，演变出一个别具一格、与日间经济截然不同的夜间消费格局。

同时，采纳结构化的策略以满足不同消费者的需求，供应针对性的服务，促使深具文化内容的夜间经济与本土特色文化、饮食风俗和市民文化密切结合，以精细化服务满足城市中各消费群体的需求。

富含文化性的夜间经济，成为实现短暂却充实的文娱互动的关键场所。依托第三产业的多样化服务内容推动夜间经济进一步拓展，继而刺激城市经济效益的稳步提升。这一过程促进城市经济收入的增加，同时也为城市文化生活提供了丰富的内容，增强了城市的文化软实力。

2. 参与性

在夜间经济阵地中，消费活动主要在精神文化领域取得核心地位。公众参与夜间经济，消费行为远超过了实物需求，更倾向于追求娱乐，寻找一种迥异于日常工作生活的休闲方式。因此，充满乐趣的活动，如表演、游戏、观光等，在夜间经济中占据着主导地位，成为吸引消费者的重要手段。这些活动不仅满足了消费者的情感需求，而且进一步改变了消费者的消费认知，提升了其对文化的感知度。

此外，夜间经济因其多元化的娱乐方式，使得城市居民得以通过参与夜间经济活动丰富自己的生活体验。对于游客来说，他们有机会通过品尝当地特色美食、参与娱乐活动以及购买当地特产等方式，更深入地融入到夜间经济中，更深度地感受其别具一格的魅力，从而提高了对城市的认同感。

3. 多样性

当今的夜间经济，是一种具有多样化特征的经济形态。它既承载着传统的文化元素，又不忘注入创新的动能，拥有稳定的空间演变，同时也展现出多层次的消费等级。在其产品构成中，诸如文化产品和美食饮品等，不仅作为消费要素存在，而且又成为休闲娱乐和文化传统的传递媒介，为消费者铺设出多元化的选择通路，以丰盛的内容丰富和提升消费者对夜间经济的体验。

针对各种消费层次的人群，夜间经济同样提供多种多样的参与方式。例如，对于对消费较为理智的一部分人群，他们可以选择参与夜市和街边的地摊经济；而对于消费偏好较为高端的人群，他们则可以选择高雅的夜间酒吧或者戏曲艺术等。这一深度多元化的消费模式，使得夜间经济能够满足各类消费阶层和游客不同层次、不同质量的消费需求。

无锡太湖鼋头渚夜景，吸引游客参与打卡　（摄影：梁勇）

4. 休闲性

休闲娱乐的消费，是夜经济发展的一种主要方向。它在满足市民以及游客在工作和学习之余的精神层面的需求的同时，还为消费者提供一个放松心情、降低工作压力的环境。目前，夜经济中的休闲活动内容，如音乐、电影、舞蹈、表演等，已经是人们生活中不可或缺的一部分，这些活动不仅丰富了人们的夜生活，也提供了足够的休闲服务以及娱乐时间。

（三）城市夜经济发展的困境

1. 标准指南尚未建全，监管体系还待完善

各地区正在全力推动夜间经济的培育与发展，然而，针对夜间文旅消费汇聚区的开发建设，其综合规划和有效监管仍待进一步完善。在此景象下，地方政府纷纷积极回应《关于进一步激发文化和旅游消费潜力的意见》中提出的“发展假日和夜间经济”的倡议，对夜间文旅消费集聚区的构建目标理念更加清晰明确。然而，具体执行上述目标却面临难题，全国各地姗姗来迟的推出夜间文旅消费集聚区的专门建设指南、发展规划及评估标准，这些措施未能充分发挥政府引导的作用。与此同时，政府在相关资金支持、税收减免、土地政策等方面的倾斜性扶持措施也不甚明确，进一步削弱了政府在推动夜间经济发展中的龙头作用。

另一方面，针对夜间文旅消费集聚区的政策，在指导性意见和行政性规定的层面，监督和管理体系的完善程度仍有上升空间。因此，目前夜间文旅消费集聚区的竞争状况，时常出现恶性竞争等不规范的现象，市场环境成熟度尚待长期打造和不断提升。

2. 市场产品供给单一，文化内涵发掘不深

从市场产品供给的角度来看，其现阶段也面临着严重的问题。一方面，虽然各地都在积极鼓励社会资本力量参与夜间文旅消费集聚区的开发建设，但目前夜间消费活动的形式和内容还是过于单一，无法满足市民个性化、品质化、多元化的夜间文旅消费需求。大部分夜间经济活动，如流动商贩和小型店铺等，在夜间仍然是对白天经营活动的扩展、组织和法定化，主要涵盖的行业为餐饮休闲与娱乐购物。从另一个角度看，尽管受到政策红利与消费需求升级的双重促动，全国各地都在加速夜间文旅消费聚集区的建设步伐，但在实际落地过程中，由于经营企业和商户缺乏充足和深入的市场研究，大部分都倾向于效仿他人的营商模式。

夜间文旅消费聚集区的经营活动往往以小酒吧、大型路边摊和夜间小食摊等低级别的业态为主，造成同质化现象严重，未能有效吸引游客进行二次或连

| 景区中创新元素的加入，给人耳目一新的感觉，吸引了大量的游客 （摄影：梁勇）

续消费。最重要的是，当前夜间文旅消费聚集区在推介新的消费产品时，忽视了对地方特色文化内涵的深度挖掘和利用。经常仅仅根据市场消费热潮推出灯光秀、花灯节、演艺游等产品，而这样的做法很容易削弱消费者的购买意愿，阻碍了夜间文旅消费聚集区的持续健康发展。

3. 区域资源开发受限，联动效益不足

从区域资源开发的角度看，目前的夜间文旅消费集聚区开发也受到了一定的限制。当前，我们面临的问题是各地适合开发夜间文化旅游消费集聚区的景区数量有限，其地理位置相对分散，大部分只能依靠其所在区域内的有限资源，导致无法充分发挥地域联动的优势，进一步扩大市场规模。鉴于此情况，建立一个共建共享的夜间文化旅游消费集聚区新格局的需求日益迫切。

尽管政府已逐渐出台了旨在合并景区、链接商区等相关的发展规划，但政府机构与企业之间的互动合作机制尚未完全形成，它们之间的协同尚存在不足。此外，一些市场参与者对这些政策的理解和把握程度也存在明显的不足，这些因素限制了他们充分利用现有的资源条件和市场机会，大力发展夜间文旅经济。

未来的进展势必依赖于政策的有效实施，以及政府和企业之间的紧密合作，同时，市场参与者需要提升对政策的理解和掌握程度。只有在这些问题得到解决的前提下，我们才能真正推动夜间文化旅游经济的发展，从而构建一个共享发展的新格局。

4. 配套设施有待完善，服务质量有待提升

从配套设施和服务质量角度，当前夜间文化旅游消费集聚区的发展仍有待提升。在这个领域，装备充足的设施和优质的服务是夜间文化旅游消费集聚区可持续性发展的必要条件。然而，当前夜间经济的发展还处在初期阶段，其配套设施，特别是涵盖夜间交通、城市设施、夜间景观照明等细分领域，还过于薄弱。

这种设施短板严重地影响了游客的出行体验和消费意愿。无论是在夜间出行的便捷度，还是城市公共设施的可用性，以及夜景照明的质量和覆盖度方面，都需要我们日益加强关注，并正视这个问题。这意味着，为了提高旅游者的出行体验和消费欲望，我们有必要进一步加强配套服务设施的建设和改善。其次，随着消费者对夜间文旅消费的需求不断升级，对服务质量的要求也越来越高。然而目前很多地方的夜间经济服务质量参差不齐，存在服务态度不佳、专业素质不高、服务流程不规范等问题。这不仅限制了夜间文旅消费集聚区的吸引力，也可能对整个夜间经济的健康发展造成不利影响。

（四）城市夜经济发展的分类

在我们的社会中，城市夜经济的发展已经成了不可或缺的一部分。在我们富饶的物质生活、不断变化的消费者收入以及消费方向变更的大环境下，城市夜经济的发展正在形成更多样化的模式。这些模式主要由餐饮、休闲娱乐、旅游、购物以及文艺等多元化的元素组成。

在这些元素中，夜市是城市夜经济中最具代表性和常见的一种形式，它主要是地摊经济的延伸。从历史发展的角度来看，夜市起源于路边的餐饮摊位，然后逐步扩展。根据其经营规模和营业时间的不同，可以将夜市划分为以下三个主要类型：

商圈夜市。商圈夜市在白天主要是商场聚集区，夜间经济延长了一部分经营时间，不仅能提升商场自身的经济效益，也能扩大经济发展的效率。然而，

由于在日间也要进行经营,所以可能会出现长时间加班和供电时段紧张的问题。

观光夜市。这种类型的夜市主要以旅游为主，商圈以景区周边为中心形成。它是集观光和消费为一体的经营模式。但由于它涉及市井文化或者历史文化传播，一般由相关的行政部门进行统一的监管。

流动夜市。流动夜市主要以临时性的摊贩为主，大部分没有固定的地点和合法的经营资质，这是最底层且最市井的模式。由于涉及无照经营，所以经营秩序比较混乱，卫生条件也比较差，夜间经营活动还可能出现局部地区的噪声扰民现象。

（五）城市夜经济发展的有效对策

1. 统筹规划，发展特色夜经济

为了推动城市夜经济的发展，我们需要根据各地的实际情况，遵循“因地制宜 " 的原则。通过完善夜经济发展规划、改善城市基础设施建设、打造具有特色的夜间文化等方式，推进城市夜经济的健康发展。

当前，大多数城市的夜经济发展处于初步发展阶段，需要强化顶层设计，出台总体规划方案，推动发改、财政、市监、文旅、交通、城管等部门的联动发展,强化责任落实,制定详细的招商引资、安全保障、市场管理等方面的规划。

树立正确的城市发展理念，制定统筹规划、有序推进、突出特色的夜经济发展规划，是打造富有城市特色的夜经济的重要方向。在进行夜经济区域开发的统筹规划中，必须要做好全面的勘察工作，避免在发展夜经济的同时，对其他产业造成影响，尤其是要避免破坏环境资源。

开发夜经济时，可以结合城市的人文特色，以及景观特色，开发一些个性化的夜经济活动，这样可以更好地吸引人们前来感受夜经济的魅力，不断促进城市经济的发展，带动城市的进步。

2. 加强监管，推动夜经济有序发展

为了使夜经济项目持续发展，需要强化监管，并根据城市区域特色、业态定位和消费结构的特点，创建具有独特特色的夜经济示范区。这一示范区可以通过丰富的夜间消费品种、独立的商业生态系统，以及多样化的文化、旅游和商业休闲品牌等来实现。这需要城市在规划阶段就做好全面的勘察工作，避免对其他产业或环境资源造成负面影响。这样的特色示范区不仅能吸引市民和游

客，也能激发城市经济的活力，进一步推动城市的整体进步。

关于监管方面，城市需要有针对性地加强对夜间市场的管理。管理部门应根据夜经济的实际情况，进行规范和优化，以期实现夜经济的规范化和合理化发展。管理的重点包括对餐饮店、小商贩、市民行为的规范化管理，对不合理的经营活动进行整治，重视城市的市容市貌，强化食品安全管理等。这样的管理对于推动城市夜经济的全面、持续、健康发展具有重要的意义。

3. 完善服务，优化夜经济发展环境

完善服务和优化夜经济发展环境也是推动城市夜经济发展的重要手段。这一点主要体现在加强城市夜经济主要消费场所的基础设施建设,包括标识体系、休闲设施、公共配套设施等，同时提升相关服务和管理工作，使市民的夜间出行变得更为便捷和安全。在这个过程中，需要建立适应夜经济发展模式的公共交通系统，创新交通管理模式，解决可能出现的夜间出行人数增多和城市交通拥堵等问题。只有这样，城市夜经济才能真正成为城市文化的一部分，进而推动城市夜经济的不断发展。

4. 挖掘文化内涵，推动文化与科技融合创新

城市夜经济的发展是现代城市经济发展的重要组成部分，它旨在挖掘城市的文化内涵，融合创新科技，并依此打造具有城市特色的夜间活动。充分发掘每个城市独特的文化、历史传统、消费能力和产业优势，可以推动夜经济的全面发展。在这个过程中，我们将结合城市文化内涵的挖掘与开发，打造具有城市特色的夜经济活动，并借助科技的力量，提升夜间经济活动的科技含量和文化内涵。下文将对这一主题进行深入的探讨。

城市夜经济的发展应以城市文化为基础。这一点需要我们挖掘城市的文化内涵，创建符合城市特色的夜间活动。文化是城市的灵魂，每个城市都有其独特的文化基因。因此，我们可以从城市的历史、艺术、音乐、美食等方面入手，通过深入研究和充分挖掘，构建出一种富有城市特色和文化内涵的夜间活动。例如，可以通过组织城市特色的音乐会、文化展览、美食节等活动，来吸引市民和游客参与，感受城市的特色文化。

科技在夜经济的发展中也发挥着重要的作用。随着科技的不断发展，人们的生活方式和消费模式也在发生改变。因此，我们需要通过科技的力量，创新

夜经济的形式和内容，使之更符合现代人的消费需求。例如，可以通过灯光、多媒体等手法，依托自然文化景观，为人们打造多角度的场景化环境。这样的场景化环境可以让人们在体验过程中，感受特色文化的魅力，享受到视觉和听觉的双重盛宴。在这个过程中，科技和文化的融合可以使夜经济的体验从“重视内容”转变为“重视体验”。

通过挖掘地方独特的人文、深厚的文化内涵，我们可以推动文化与科技的融合创新发展，并借助地方文化打造夜间经济的地方特色。这种以地方文化为基础，融合科技创新的夜经济发展模式，不仅可以解决夜经济活动中存在的问题，而且可以推动特色夜经济活动的发展，从而进一步优化城市夜经济的结构。

浙江开化县体育公园经过夜景的提升，吸引了大量市民　（摄影：梁勇）

此外，随着社会和经济的发展，城市夜经济作为现代城市新兴业态的一种，它的迅速发展提高了城市设施利用效率，增加了就业机会，扩大了消费空间，大大拉动了城市经济的发展，对于提高城市的竞争力，也起到了积极的推动作用。然而，在夜经济发展的过程中，我们需要针对具体的实际情况，深入分析其中存在的问题，采取有效的措施进行解决，从而推动城市经济和文化建设的快速发展，为实现城市经济发展目标奠定坚实的基础。

因此，在夜经济的发展中，我们应该充分重视对城市夜经济发展的现状与对策的分析，促进城市经济的稳定、快速发展。我们应该清楚地认识到，只有通过充分发掘城市的文化内涵，融合科技创新，才能真正推动城市夜经济的全面发展，从而推动城市的经济、文化、旅游等多方面的发展，实现城市的全面发展。

总之，通过充分挖掘城市的文化内涵，融合科技创新，我们可以打造出具有城市特色的夜经济活动，从而推动城市夜经济的全面发展。这种发展模式不仅有助于解决城市夜经济中存在的问题，而且可以推动城市经济、文化、旅游等多方面的发展，实现城市的全面发展。在这个过程中，我们应该坚持用严谨的学术逻辑和语言进行研究和探讨，以确保我们的工作既专业又简洁，使我们的工作成果能够为城市夜经济的发展提供有力的支持。

（六）城市夜经济发展的创新路径

1. 增强吸引力，形成核心竞争力

丰富业态，延长产业链条，发展综合型的夜间经济。

首要的策略是提升吸引力，以此塑造城市的核心竞争力。城市夜间经济的萌发与蓬勃需要依赖于丰富的经济业态及延伸的产业链条，通过这种方式，城市能够逐步构建出反映其自身独特特色的综合型夜间经济。多样化和具有差异化特性的夜间经济业态是关键所在，因为这种多元性能满足各种消费者的多元化需求，让每个消费者在夜间都能找到符合他们需求的消费项目。因此，无论是在餐饮、娱乐、购物，还是在文化和体育等诸多领域，差异化和特色化的发展应当被积极推进，以形成具有各自卓越特色的夜间经济业态。

同时值得注意的是，一个温馨的、安全的、便利的夜间消费环境也是吸引消费者的关键因素。因此，改善夜间经济区的亮化工作，以及景观的绿化、指示牌的指引、公厕的清洁维护、环境卫生、治安维护、便民咨询服务等环节，都是必须重视的。此外，优化夜间经济区及其周边的动态交通管理，增设夜间停车位、出租车候客点、夜班公交路线等，可以有效地提高消费者的夜间消费的便利性和活跃度，为推动夜间经济的发展献上重要的力量。

突出文化特色与地域特色，发展有吸引力的特色型夜间经济。

在发展夜间经济的同时，突出文化特色与地域特色，以发展有吸引力的特色型夜间经济是另一个关键策略。每个地方都有其独特的文化和地域特色，如果能够将这些特色融入到夜间经济中，就能够创造出具有强烈地方特色的夜间经济形式，吸引更多的消费者。利用虚拟现实技术，我们可以塑造一种具有地方风情的夜间文化品牌，这种品牌将汇集演出、展览、情景再现、互动体验以及外围的休闲娱乐活动，为消费者带来沉浸式的夜间体验。同时，通过抓住特定节日的机会组织节日庆典等活动，我们可以在相对短的时间内吸引大批消费者，从而推动其他类型夜间经济的成长。

2. 聚焦年轻群体，依托互联网引领夜间经济潮流

面向年轻群体的市场定位，依托互联网引领夜间经济潮流也是发展城市夜间经济的重要途径。年轻人是消费主力军，他们的消费观念和行为方式对整个社会都有着重要影响。因此，我们可以注重面向年轻人这个主要的消费群体，构建充满创新元素的夜间经济区域。这种方式不仅能够迎合当下年轻人追求的潮流文化，也能有效填补现有夜间娱乐和服务的缺口，这是夜间经济发展的重大进步。利用虚拟现实技术打造“线上虚拟夜市”，实现线上与线下的双向互动，打造“线上虚拟夜市”，可以更好地保持夜间经济的活力。

3. 注重顶层设计，增强政府的公共管理能力

在创新和发展城市夜间经济的过程中，注重顶层设计，增强政府的公共管理能力是必不可少的。政府与市场的关系需要协调好，只有在政府的引导下，市场的自身活力才能得到释放。同时，通过精细化管理实现有效监管，将精细化管理的要求贯穿于管理的全过程，对夜间经济的健康发展至关重要。

党的十九大报告指出，我国经济已由高速增长阶段转向高质量发展阶段。扩内需、促消费是实现我国经济高质量发展的题中应有之义。我们可以着力推动我国的夜间经济发展，构筑以国内大循环为主干并和国际经济循环互动促进的新发展模式。

（七）点亮夜经济，触发新活力——南京市秦淮区夜游商圈的打造

点亮夜空，触发城市新活力，夜间经济不仅是一种兴盛的商业形态，更是城市现代化、开放化的重要标志。近年来，夜经济以其强劲的发展势头，在中国全国范围内快速推进，正逐渐成为彰显城市开放和活跃度、满足消费新需求、培育经济新增长点的关键领域。随着新一轮城市竞争的展开，夜经济已然转变为新赛道。

古今夜市的演变与魅力。自古以来，夜市就拥有着无法阻挡的魅力。诗人

苏轼在《牛口见月》中描绘了“龙津观夜市，灯火亦煌煌”的古代夜市繁华景象。从古代的烛火摇曳到现代的霓虹闪烁，夜市一直是人们生活的重要组成部分。

然而，在新的时代背景下，夜市的概念已经不再仅仅停留在传统市集的范畴。当今，夜经济更加丰富多彩，更具有开放性、包容性、创新性，成了彰显城市独特魅力的重要窗口。

夜经济的统计与特色区域。为深入挖掘夜经济的潜力和特色，我国数据情报企业运用开源情报分析大数据平台，对全国 2757 个县域行政单位进行了大数据筛选，最终确定了 100 个独具特色的夜经济县域样本。其中受到关注的 20 个样本为全国各地的代表区域，如四川省成都市武侯区、江苏省南京市秦淮区等。这些地区的夜间经济不仅丰富多样，更具有深厚的地域文化底蕴，形成了各自独特的夜间经济风格。

南京市秦淮区夜经济的特色发展。作为中国有名的夜间经济强区，南京市秦淮区的夜间经济无疑是最具代表性的案例之一。在这里，“夜享秦淮”已经成为一种生活态度和文化符号。

载体建设与场景打造。在秦淮区，政府以构建国际消费中心城市核心区为重点目标，围绕夜购、夜食、夜宿、夜游、夜娱、夜读、夜健等多个模块，进行了持续的夜间消费活动推动。

在打造“夜游”业态时，不仅着重构建主题化的亮化夜景，推出优质的博物馆夜游项目，还与中青年艺术家联合，共同创造出街区式微型博物馆群。在发展“夜购”业态时，引进了非物质文化遗产工坊、网红级别的夜市，以及 24 小时全天候互联网超市等项目，更是自主打造了以“六潮雅集”为特色的市集 IP。“夜娱”则是通过不定期组织各种非物质文化遗产、戏曲表演等活动，同时鼓励商户营造“家家有戏”的文化氛围来满足人们的娱乐需求。在“夜食”领域，这里有着六华春等南京老牌餐饮品牌，同时也引入了外地的网红餐饮品牌。为了助力“夜宿”业态，引进了一系列特色品牌，如漫心、花筑奢等，通过这些精品酒店与特色民宿模式的相互补充，增加了夜宿业态的多样性。对于“夜读”业态，吸纳了樊登读书会、复兴书店等品牌，同时打造街头阅读亭和 24 小时无人书店，提供了一种全新的阅读体验模式。最后，“夜健”则是通过联合国际知名品牌，培育具有特色的比赛，组织街头篮球赛、儿童卡丁车比赛等活动，给消费者提供了丰富的健身选择。

这一策略的核心在于打造夜间经济的发展场景。结合全国、省级步行街改造提升计划，秦淮区推进了四个夜间经济集聚区的建设，形成了充满生活气息、高品质、具有地域特色的夜间消费环境。

主题活动与多元消费需求。为满足不同消费者的多样化需求，秦淮区还积极组织了丰富的主题活动。从春季音乐潮玩节到冬日冰雪珠宝节，各类主题活动持续举办，获得了较高的知名度。

特别是针对年轻人的新潮玩法，秦淮区充分发挥市集流量带动效应，推出了“秦淮夜肆”“笪桥灯市”等特色活动，成为当地夜间消费的新亮点。

文商旅融合与创新发展。秦淮区的夜间经济还在文商旅的融合和创新方面取得了显著成效。通过推动夜间消费产品创新，依托历史文化底蕴，秦淮区打造了一系列夜间沉浸式体验、实景演出项目。

例如，沉浸式剧场表演《南京喜事》《金陵寻梦》《甘宅雅韵》等，通过精湛的演技和震撼的视听效果，吸引了大量观众。这些演出不仅展现了秦淮文化的深厚底蕴，更增强了夜间经济的文化品位。在熙南里甘熙故居的园林中，利用创新性的裸眼3D水幕秀技术，观众可以在光晕的流转中看到腾龙飞舞和莲花绽放的壮观景象。在津逮楼内，这座藏有万卷书籍的古老建筑，运用先进的科技创造出一个5D沉浸式立体空间。通过这个“镜花水月”的幻影，观众能一览无遗地欣赏到金陵的美景。

游走在园中，你可以欣赏到评弹的声韵，这是我国非物质文化遗产的经典传承。你还可以聆听古筝的婉转旋律，看到舞者轻拂水袖的优雅动作。在紫烟的升腾中，光影交错，营造出“熙南幻境”的奇妙景象。这个景象如诗如画，如同“灯在景中生，人在灯中游”。

运用高科技手段塑造夜景意境，将昆曲演艺、文化雅集等元素有机地串联起来。通过“行进式夜游+沉浸式演艺”的形式，深度打造南京夜游的新名片。这样的体验让市民和游客仿佛梦回千年，让他们在如梦如幻的沉浸式体验中，感受到甘熙宅第的戏曲文化和南京的独特韵味。

品牌秀场与城市夜氛围。南京门东历史文化街区化身时尚秀场，与服饰品牌联手举办时尚之夜等活动，让艺术与人间烟火在夜色中共生共荣。通过时尚

依托文化底蕴提升夜间消费体验，在时空上将区位优势转化为经济效益，为城市创造了新的经济增长点 （来自摄图网）

和艺术的融合，秦淮区的夜间经济赋予了城市全新的夜晚氛围，让城市在夜色中焕发出独特的生命力。

持续发展夜经济。持续发展夜经济，需要国家、企业和个人共同发力。国家需要制定合适的政策，以推动夜经济的持续发展，同时保障公民的基本权益和生活质量。企业需要通过创新服务模式，满足消费者的个性化需求，以吸引更多的消费者。个人需要适应和接纳新的消费模式，享受夜经济带来的便利和快乐。

政策环境与服务优化。为了持续推动夜经济的发展，政府应以深化改革、扩大开放为主线，落实好稳增长、促改革、调结构、惠民生、防风险的任务，大力推动商业消费等产业升级，增强经济内生动力。

此外，夜间经济的发展，也离不开优质的服务。这需要通过提高服务水平，改进服务方式，打造良好的消费环境，吸引更多消费者前来消费。

创新驱动与满足消费需求。夜间经济的发展，也需要通过创新驱动，满足消费者的个性化需求。这包括开发新的消费场所，提供新的消费项目，创造新的消费体验，以吸引更多的消费者。

总结来说，夜经济是城市活力的重要体现，是满足消费者需求、推动经济增长的重要方式。我们期待着夜经济的进一步发展，让我们的生活更加丰富多彩。

（八）杭州萧山夜经济圈的打造思路——诗意照明设计实践案例

杭州市的萧山区，近年来将夜间经济的发展放在了非常重要的位置。该区积极研发政策，深化规划，持续投入资源，大力推进夜间经济的发展。萧山区的领导者深知，以夜间经济为手段，扩大内需，推动消费，稳定增长是十分有效的。因此，他们致力于以此加速新的商贸动能的培育，以此推动商贸业的高质量发展。

在寻求新的发展策略过程中,萧山区成功地实现了夜间经济模式的多样化。据悉，萧山区借助其精心策划的“一心两翼多点”的夜经济布局，大力推动了夜经济的发展，推进了消费升级，并已取得了显著的成效。

首先,该地区在发展商业圈和商场的夜间经济方面显现出了极高的积极性。大型商贸综合体和商业圈是夜经济的重要载体，该地区依托商贸综合体的外部广场、内部街区以及屋顶空中花园等空间，成功地组织了丰富多样的夜市、夜吧、夜宵等活动。同时，萧山区还成功地打造了银泰百货的“喵街鲤巷”、钱江世纪公园的“微醺营地”、旺角城的“花车市集”，印象城的“空中夜吧”以及万象汇的“夏日好市”等具有地标意义的夜间活动区。这些独特的夜间地标以其错位发展的特性，吸引了大量的市民和游客。

同时，萧山区也成功地举办了钱江世纪公园无人机夜色表演等特色夜间经济活动，规模空前。在印象城，实施了全市首个屋顶夜经济活动，进一步深化了“天空”屋顶的夜间 IP 的品牌影响力。旺角城的 mini 车位市集，为市民展示了最地道的萧山风情和潮流生活。万象汇的先锋戏剧之夜，打破了戏剧的常规舞台，首次将戏剧带进商贸综合体，为市民带来了独特的夏夜戏剧表演体验。

同时，萧山区也注重打造街区园区的夜经济。以商贸特色街区和文创园区等为重要载体，依靠街区和园区的产业特色和商贸业态，该区开展了老街夜市、

夜经济中的深夜食堂，吸引了大量的年轻人 （来自摄图网）

文创市集等夜经济活动，打造了东巢艺术公园的“官河市集”，闻堰的“老街夜市”等夜地标。东巢艺术公园的“官河市集”自落日夜市开市以来，一晚的人流量在最高峰时可达1万人次。这一数字的背后，彰显了萧山区从“供给侧”着力点亮夜经济，成功地激活了消费增长的新动能。

此外，湘湖景区的夜经济也是萧山区的一大亮点。该行政区成功举办“点亮夜经济·漫游湘湖夜”2022湘湖夜游启动典礼，并连带推出一系列精彩活动，包括水上秀艳丽的音乐会、水路视觉巨片《今夜“湘”你》、露天营地，以及维度多元化的后备箱集市。湘湖的夜间经济活动立足于“一场飞跃的启动仪式，六款丰富灵动的漫游夜产品，以及六个全新主题的漫游周”等核心载体，发掘推广了五个独具特色的夜间经济体验活动，即湘湖之夜趣味露营龙虾周、湘湖浪漫夜游船、沙滩风情音乐会、宋韵文化茶肆，以及湖山元素集市。在夜游活动期间，游客人流量与之前的对比，环比增长了45%，同时期年度增长率达到12%。

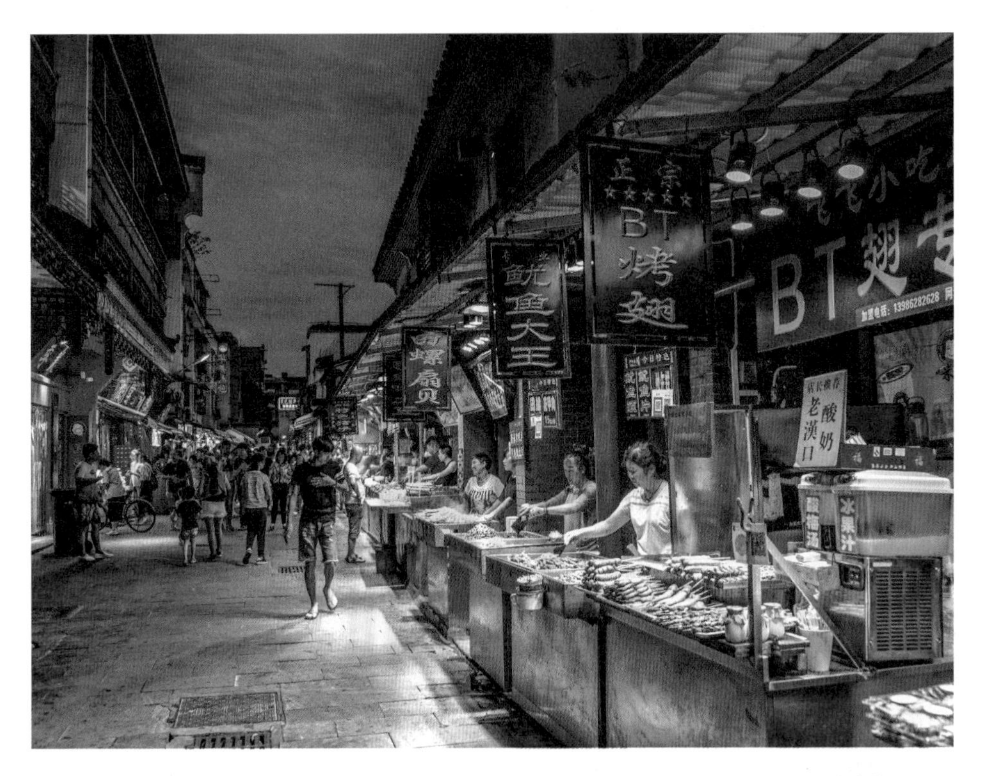

| 夜生活延长了城市居民消费的时长　（来自摄图网）

在这些丰富多样的主题活动中，萧山区积极推动了消费盛宴的实现，为促活精神文化消费形象做出了巨大努力。“浙里来消费·第十四届萧山购物节”启动仪式上，萧山区采用现代技术，通过视频点亮地图的方式推出了“萧山七大夜经济打卡点地图”，成功形成了萧山的夜生活品牌，并极大地激发了消费新能量。萧山区响应浙江省促进暑期消费行动，举办了“第二届‘钱潮杯’动漫清廉微作品大赛暨‘潮涌萧山’”夜经济活动。通过党风廉政建设与夜间经济发展的有机融合，该行政区利用漫画地图和动漫表现手法，全新推出十大夜间经济打卡点，成功促进了该区商贸业的全新发展。

为了提升夜间经济服务质量、优化商业环境和公共生活质量，在东巢艺术公园“官河市集”即将开业的前夕，派出了一支由党员干部组成的团队，主动前去接洽和调研。他们深入市集现场，与运营者面对面交流，详细讲解了区内有关夜间经济的政策，并对市集的运营提供了专业的建议。

同时，积极协助区内的电商企业在营销活动上实现创新突破。在电商行业中，喜临门是一个值得关注的重点企业，此公司在2022年的天猫超级品牌日所举办的“夜猫子夏日露营音乐会”便是一例佳证。此次活动中，党员干部们全身心投入，不仅协调了场地问题，更提供了一系列配套服务，为企业的顺利运营提供了坚实的保障。

此外，空港新天地的“空港市集”计划也获得了热烈响应。有关部门积极主动地与其建立联系，亲自上门提供服务，并提出了一系列有价值的建议，这些举措极大地推动了萧山区夜经济市集的实施。

在致力于全面开展夜间经济的宣传工作中，2023年7月29日，《浙江日报》的头版以《夜经济旺起来》为主题，全面报道了“潮涌萧山”夜经济活动。报道强调，通过将“动漫艺术＋经济”等形式融合，成功地创造了具有深度的文化夜经济，从而激发了暑期消费活力。

值得一提的是，央视对东巢艺术公园的“官河市集”进行了专题采访和拍摄，并在CCTV-2的《经济半小时》栏目播出了《稳增长系列调研报告：夜色里的“烟火气”》。央视以及《浙江日报》等主流媒体对区域夜间经济活动的报道，极大地提升了区域夜间经济品牌的影响力和知名度，同时也为全区创新发展夜间经济营造了良好的氛围。

致力于制定标准并实现成果。为了满足省市对夜间经济发展的部署要求，萧山区精心起草了《萧山区夜经济地标认定实施细则（征求意见稿）》。在此过程中，广泛征询了区内夜经济活动的主办方，以及省市相关的专家和领导的意见。经过一系列的修改和完善，这份细则将在近期正式发布。同时也指导和协助东巢艺术公园和钱江世纪公园申报为省级夜间文化和旅游消费集聚区，利用生活服务电商平台赋能夜经济，构建数字化、智慧化的夜间消费新场景，以此打造高品质的夜间文化和旅游消费新空间。

注重协同合作并提升服务,强化了部门之间的协同工作和项目的事前指导，采取包容审慎的态度对夜间经济业态进行精准管理。积极支持镇街和商贸综合体等增设夜间经济业态，鼓励夜间经济向多元化、差异化、特色化发展，与特色文化、科技等深度融合，重点发展业态新颖、形象整洁、产品高端的夜间经济项目。强化党建领导，发挥党员干部的作用，提升服务效能，重点指导空港新天地打造精品户外夜市，顺利开展夜间经济活动。

加强了宣传工作，营造了浓厚的氛围。通过微信公众号以及省市媒体等渠道，定期宣传萧山夜间经济政策、项目及其成效。通过抖音、小红书等互联网媒体，推介个性化的夜生活项目，培育消费者的夜间消费习惯，并打造各类夜间网红打卡点。还加强了夜间经济的配套保障，优化了夜间营商环境，大力营造“人人关心、人人参与、人人支持”的夜间经济发展的浓厚氛围，以此不断点亮夜经济，加快新消费的推动，实现商贸新发展。

未来，萧山区商务局将继续加强对区内夜经济项目的统筹指导和规划引领工作，鼓励和引导全区各有关平台、镇街及企业等单位，深入研究、探索创新，挖掘夜间经济发展潜力，丰富和提升夜间消费内容，拓宽消费空间，让更多的群众在夜间享受更多的文化、休闲、娱乐服务，为促进新一轮消费升级和经济发展做出更大贡献。让萧山成为具有吸引力的夜间经济新名片，增强城市竞争力，为全区经济社会发展注入新的活力。

第七章　诗意照明的环保和可持续性

一、环保和可持续性设计的原则和方法

作为诗意景观照明领域的资深研究者，对于环保和可持续性的深层理解和应用是我们工作的重要组成部分。诗意照明设计中的环保和可持续性的重要性，不仅体现在它是一种设计理念和价值观，更在于其具体的设计实践和操作过程。本节将深入探讨环保和可持续性设计的原则和方法，旨在为诗意景观照明的可持续发展提供思考。

环保和可持续性设计的核心原则建立在对环境的尊重和保护之上。在实践诗意景观照明时，我们必须遵循“减少、重用和回收”的三大环保原则。

“减少”指的是通过优化照明系统的设计和运行，以降低能源消耗和碳排放。为实现这一目标，我们可以运用多种策略和技术，如采用高效的LED灯具，配置智能控制系统，旨在减少能源浪费和光污染。LED灯具的高光效和长寿命，使其在同等光照条件下的能耗大大低于传统的照明设备，而智能控制系统则可以根据环境和需求自动调整灯光的亮度和色温，进一步降低能源消耗。

而在设计过程中，我们还需要关注光照设计对生态环境，尤其是野生动植物的影响。过度或不适当的光照可能对野生生物的生活习性产生干扰，影响其正常生活和繁殖。因此，在设计中，我们应尽量减少光照对生态环境的影响，维护生态环境的完整性和生物多样性。

诗意景观照明不仅仅是为了创造出美观、动人的夜景，更要注重环保和可持续性的理念和实践。只有在尊重和保护环境的基础上，我们的设计才能真正地达到可持续发展的目标，对人类和地球的未来做出积极贡献。

三亚河“一江两岸”的夜景，广告牌的刺眼照明，产生了光污染　（摄影：梁勇）

在环保和可持续性设计的理念下，“重用”原则起着重要的作用。这一原则强调在设计中最大限度地利用已有的资源和设施，降低对新资源的依赖。这不仅可以减少对自然环境的破坏，也有助于实现照明设计的效率和效果。

在诗意景观照明的实践中，我们应积极寻求充分利用自然光和周边环境照明效果的方法。通过精心的规划和布局，我们可以把自然光的投射、建筑物的反射和折射等因素考虑进来，以实现照明的节能效果。这种方法不仅能在光照效果上满足所需，同时也能减少对电力资源的消耗，实现真正的节能。

建筑物和周围环境在照明设计中起到的作用不容忽视。建筑的反射和折射效应可以使光线更有效地分布在所需的地方。例如，对建筑物的外部材料和颜色进行科学的选择和配比，可以改变其对光线的反射率和折射率，从而提高照明效果。

此外，灯具的选择和安装位置也是实现有效照明的关键。优质的灯具可以提供更好的光质和更长的使用寿命。而灯具的安装位置则会直接影响到光线的投射效果和覆盖范围。通过对灯具的选择和安装位置的优化，我们可以最大限度地利用光线的反射和散射效果，提高照明效果，同时减少能源的消耗。

总的来说，“重用”原则为诗意景观照明提供了新的思路和方向。它强调对已有资源和环境的尊重和利用，鼓励我们从新的角度来看待照明设计，寻找实现照明效果和环保可持续性之间的平衡。

“回收”原则在环保和可持续性设计中担当着至关重要的角色，其核心在于对设计周期结束后的废弃物进行再利用和处理。对于诗意景观照明来说，如何合理处理废弃的灯具和其他照明设备，以最小化对环境的污染，是我们必须面对的重要问题。

在设计阶段，我们就应考虑到照明设备的生命周期和处理方式。例如，选择那些由可回收材料制成或具备易拆卸结构的灯具,不仅便于后期维护和更换，还有利于废弃后的资源回收。灯具的结构设计应力求简洁，尽量减少复杂的连接部分和不可回收的材料，这样在其生命周期结束时，能更便捷地进行拆卸和分类。

此外，我们还可以通过引入模块化设计的理念，进一步提升照明设备的环保性。灯具的模块化结构使得各部分可以方便地进行拆解和更换，从而大大延长了其使用寿命。在灯具最终退出使用时，这样的结构也便于对不同材质的部分进行分解和分类回收。

巴黎的街道，景观照明以内透为主，照明效果和环保理念得到了平衡　（摄影：梁勇）

可持续性设计理念在诗意照明的实现中发挥了重要的作用。遵循“减少、重用、回收”的原则，我们可以将照明系统建设为节能、环保、可持续的模式，满足实际需求的同时也兼顾了环境保护的需求。

设计不仅要追求照明效果的优美，也要兼顾到能源消耗和环境保护的问题。这种综合性的思考方式将有助于我们实现照明设计的诗意和可持续性，即兼顾艺术美感和环境保护。

在未来的研究和实践中，我们将持续改进并创新设计方法和技术，以期为诗意景观照明领域的可持续发展贡献力量。不断地学习、尝试和优化，将推动我们在保护地球、服务社会和提升生活质量上取得更大的进步。

二、环保和可持续性设计的作用和意义

在照明设计领域，诗意照明设计既满足人的视觉感受，也能将艺术美感与生态环境完美融合，展示出诗意般的画面。

环保和可持续性设计理念在诗意照明设计中具有核心作用。其最显著的效应之一是显著降低能源消耗和碳排放，实现环保与节能的双重目标。传统的照明系统中通常使用的白炽灯或荧光灯等灯具，其能耗高且效率不尽人意，而且寿命相对较短，这无疑加大了能源消耗和碳排放。

然而，通过运用环保和可持续性设计的原则，我们可以采用更为节能的照明设备，如高效能的 LED 灯具，以及智能控制系统。这些设备和系统将能源消耗降至最低，而又不牺牲照明效果。以 LED 灯具为例，其独特的高效和耐用特性，不仅使其能提供优良的照明效果，更使其使用寿命大大延长。这样一来，就减少了频繁更换灯具所带来的浪费，以及由此产生的碳排放。

而在控制系统的设计上，智能控制系统则通过精确的亮度调控，避免了无谓的能源浪费，进一步实现了环保和节能的目标。除了减少能源消耗和碳排放，环保和可持续性设计原则的实施还可以提升产品寿命，减少生产和废弃物处理带来的环境压力，为全球环境保护做出更大贡献。

通过这些细节，我们可以清晰地看到，环保和可持续性设计原则在诗意照明设计中的实施和应用，能有效地实现照明设计的环保和可持续性目标，为我们的生活环境贡献更多力量。因此，我们应积极倡导并实践这样的设计原则，

让我们的世界更加美好，更加绿色。

环保和可持续性设计的重要性还体现在对光污染的减轻上。光污染，指的是人为光源对夜间环境及生物生态系统的干扰和破坏。过度照明和光线泄漏是传统照明系统常见的问题，会导致夜空被过度照亮，扰乱生物的生物节律，打破生态平衡。然而，遵循环保和可持续性设计原则，我们能够通过精细化的光照设计和灯具布局策略，有效降低光线泄漏和光污染。

在诗意照明设计中，环保和可持续性的思维方式可以引导我们制定更为环保、高效的照明方案。我们可以运用精确的照明计算和模拟工具，深入考虑光线的方向、强度、色温等多个要素，从而实现精细的照明效果。这种设计方案能够精确地配合环境需要，避免光线浪费和过度照明。

例如，通过调整光源的方向，可以将光线精确地照射到需要照明的区域，避免光线向无须照明的区域泄漏。这不仅节省了能源，也降低了光污染。同时，调控光源的强度和色温，能够创造出舒适、和谐的照明环境，满足人的视觉需要，而不会对生物生态系统产生干扰。

此外，适当的灯具布局也能有效降低光污染。通过科学的布局设计，可以合理地将光线分布在各个角落，避免光线的过度集中和泄漏，从而降低光污染。

日本新宿商业街，广告照明营造了商业氛围，节约了能源 （摄影：梁勇）

综上，环保和可持续性设计理念在诗意照明设计中的运用，不仅能有效降低能源消耗和碳排放，还能减少光污染，保护生物生态环境。这无疑赋予了诗意照明设计更深层次的价值和意义，让人与自然、科技与环保之间建立起更和谐的关系。

环保与可持续性设计理念的实施，同样在保护生物多样性和生态系统完整性方面有着重要的作用。在构建诗意景观照明时，周围环境和生物生态系统的需求需要被充分考虑和尊重。通过对灯具的选择与安装位置的谨慎规划，我们能够尽量减少对野生动植物的干扰和影响。

举例来说，照明设计在选择灯具安装位置时，应尽量避开野生动物的栖息地或迁徙路径，避免将光线直接投射至这些区域。这样一来，便可以减少对鸟类、昆虫等野生动物的干扰，保护它们的生活习性，维护生物多样性和生态系统的完整性。

除此之外，诗意照明设计还可以通过照明强度、色温等因素，模拟天然光线的变化，营造出接近自然环境的照明效果。这样的设计不仅有利于人类的视觉体验，也能减少对动植物生态的干扰，维护生态系统的平衡。

总结来说，环保与可持续性设计原则在诗意照明设计中的应用，无疑为保

广州一河道两侧绿植的照明，割裂了河道自然的空间，又增加了环保压力，影响了动植物的生态

（摄影：梁勇）

护生物多样性和维护生态系统完整性提供了有效的途径。这种对环境敬畏、尊重生命的设计理念，对于构建人与自然和谐共存的现代社会，具有不可忽视的重要价值。

环保和可持续性设计在推动社会经济可持续发展上也具有深远的影响。采纳这一设计原则，我们可以有效地降低照明系统的运行及维护成本，这是通过使用高效的LED灯具和智能控制系统实现的。不仅如此，环保和可持续性设计还能够提升景观照明的品质和吸引力，为城市和社区夜间环境的营造提供新的可能，进而刺激经济活动的繁荣和可持续发展。

应用环保和可持续性设计原则，照明系统的运行和维护成本可得到明显降低。例如，利用高效的LED灯具，其较长的使用寿命和较高的光效，可大幅降低能源消耗和碳排放。同时，采用智能控制系统，可以根据环境条件和使用需求，动态调节照明的亮度和颜色，进一步节省能源。此外，智能控制系统的自动化运行，也可以降低灯具更换和维护的频率，从而降低运营成本。

另一方面，环保和可持续性设计能显著提升景观照明的品质，增强其吸引力。精心的设计和规划不仅可以创建出具有美感的夜间环境，同时也可以满足各类公众的视觉需求和审美欣赏。这种优质的夜间环境，无疑会提升城市和社区的形象，增加其吸引力，进而吸引更多的人参与到各类夜间活动中来，推动经济活动的发展。

最后，优质的照明设计还能带来积极的社会效益。它不仅能提升公众的生活品质，还能在一定程度上提升公众的环保意识，形成良好的环保习惯，进而推动社会的可持续发展。

总的来说，环保和可持续性设计在推动社会经济可持续发展、保护环境、降低运营成本等多个方面都发挥着重要的作用。因此，它是我们在未来照明设计中必须重视和应用的设计原则。

通过对环保和可持续性设计在诗意照明中的应用进行归纳，可以明确其重要性和价值所在。缩减能源消耗减少碳排放、降低光污染、维护生物多样性以及保护生态系统的完整性，并进一步推动社会和经济的可持续发展，体现了在诗意景观照明中，环保和可持续性目标的重要性。诗意景观照明的研究者和从业者应将其视为导向，不断探索和创新，推动环保和可持续性设计理念的应用和发展，以期为创造更美好的夜间环境和可持续的未来做出贡献。

环保和可持续性设计的重要性首先体现在能源消耗与碳排放的降低上。通过使用高效能LED灯具和智能控制系统，景观照明的能源效率可以大幅提升，进而减少能源消耗和碳排放。这不仅符合全球环保的战略目标，也降低了照明系统的运行和维护成本。

其次，环保和可持续性设计有助于降低光污染，保护生物多样性和生态系统的完整性。避免在敏感生态区域设置强烈灯光，使用特定波长的光源能有效减少对野生动植物的干扰。此外，适当的光照设计还能吸引和保护夜间活动的野生动物，为生物多样性的保护和恢复提供可能。

环保和可持续性设计的价值还体现在推动社会和经济的可持续发展上。优质的照明设计不仅提升了城市和社区的夜间环境品质，增强了其吸引力，而且能刺激经济的发展，促进社区的繁荣，实现社会和经济的可持续发展。

为了实现以上的环保和可持续性目标，诗意景观照明领域的研究者和从业者需要保持对新理念、新技术的关注和学习。通过不断地探索和创新，推动环保和可持续性设计理念的应用和发展，为创造更美好的夜间环境和可持续的未来做出贡献。不仅如此，还需要通过实践和研究，不断优化和完善照明设计，以实现诗意景观照明的环保和可持续性目标。

第八章　诗意照明的文化和艺术价值

一、诗意照明设计与文化传承的关系

诗意照明设计，这个被赋予深厚的文化寓意的领域，就其实质而言，是通过照明艺术的创新性和表现力，将文化元素糅合于景观照明之中，从而实现文化的传承和表达的。此类设计策略的成功，依赖于如何巧妙地将文化的符号和意象通过灯光的形式和色彩进行呈现。

在实际操作中，诗意照明设计可以通过诸多灯光元素，如光线的形态、色彩、强度等，以呈现文化的多重意象和符号。例如，采用特定的灯光色彩和光线效果，能够有效地表达出不同文化的特征和情感，从而使得历史和传统的文化符号在照明设计中得以生动展现。这可以是一种色彩、一种图案，或是一种象征某种特定文化的光影效果。

法国巴黎国会大厦的灯光展示的是法兰西的文化和故事　（摄影：梁勇）

此种方式的成功，不仅能充分展现文化的独特魅力，同时也能激发观者对于文化的兴趣和理解，进而促进文化的传承和保护。其核心在于，通过照明设计将观者引入到一种文化氛围中，让他们在感受光影魅力的同时，也能够感受到那些潜藏在灯光之下的文化内涵。例如，在为一座历史悠久的城市设计夜景照明时，设计师可以通过灯光的运用，去重现和强化这座城市的历史文化气息，从而让观者在欣赏美景的同时，也能感受到这座城市的文化和故事。

诗意照明设计，其另一重要表现方式则是通过慎重考虑的景观布局和灯光组合，来塑造富含文化内涵的照明场景。这种方法主要利用了灯光效果和空间布局的精细设计，旨在创造出充满浓厚文化气息的照明环境。

在具体实践中，灯光的选择、配色、布局等方面都需要充分考虑到文化因素的影响。例如，在历史文化遗址或古建筑群的照明设计中，灯光设计师可能会选择运用柔和的灯光以及精心营造的阴影效果，来凸显建筑的独特特点和深远的历史意义。这样的设计能够唤起观者对历史文化的共鸣和认同，从而使其更深刻地感受和理解文化的精髓。

此种策略不仅提升了诗意景观照明的艺术性和观赏性，同时也使得文化的价值和意义能够通过视觉的感受被观者所感知，进而实现文化的传承和弘扬。例如，设计师可能会通过灯光的调度，创造出一种特殊的氛围，使观者仿佛置身于历史的长河之中，感受到由灯光引发的文化共鸣。这样的设计既能提供美的享受，又能让人深思，真正实现了艺术与文化的完美融合。

诗意照明设计，通过其独特的故事性和叙事性的手法，有力地将文化的故事和传统在视觉上呈现并传递给观者。这种手法的核心在于，通过合理而独特的灯光设置和景观布置，来塑造出一种富有叙事性的照明场景，使得文化的故事和传统得以视觉化，进而触动和引领观者的感知与理解。

这种设计策略在实践中具有广泛的应用，其中一个典型的例子就是在文化节庆活动中。在这种场合下，设计师可以利用灯光的变化和组合，讲述一个充满文化内涵的故事。比如，通过灯光的渐变和转换，设计师能够在观者的心灵中塑造出一幅历史长卷，或者通过明暗、色彩的对比，展现一种特定文化的冲突与和谐。这样的设计不仅能吸引观者的注意力，而且能引发他们对文化的深思和理解。

法国一年一度的灯光秀，将艺术的美感和表达方式融入照明中，吸引了全世界的游客（摄影：梁勇）

使用故事性和叙事性的手法进行诗意照明设计，不仅可以增加观赏体验的趣味性和参与性，也有助于促进文化的传承和传播。这种设计策略以其独特的方式，激发了人们对文化的好奇和兴趣，推动了文化的发展和创新。这也是诗意照明设计的魅力所在，它以照明为媒介，让人们在美的感受中理解和体验文化，真正实现了文化和艺术的有机结合。

诗意照明设计与文化传承之间的密切关系，构建了一个实现文化传递和表达的独特平台。照明设计师通过将文化元素与光线的形态、色彩等灯光元素有机地融合，将文化内涵以视觉艺术的形式直观地展现出来。同时，景观的精心布局与灯光的巧妙组合，共同打造出充满文化气息的照明场景，激发起观者对文化的热爱与理解。

诗意照明设计的故事性与叙事性，无疑为这种文化传承的过程注入了更多的活力与趣味性。通过创新性的叙事手法，设计师将文化的故事与传统以富有诗意的照明场景的形式呈现给观者，进一步深化了文化传承的影响力，从而有效地促进了文化的传承和推广。

对于诗意景观照明领域的研究者和从业者而言，充分认识和理解诗意照明设计与文化传承之间的关系具有至关重要的意义。在实际设计中，我们应该不断探索和创新，将文化的价值和意义以灵活多样的方式融入照明设计之中，以此为文化的传承与发展提供更广阔的空间。这不仅是对照明设计专业能力的提升，更是对文化传承任务的担当与致敬。综合来看，诗意照明设计的实施，既能够提升照明艺术的审美价值，同时也为文化的保护、传承和发展做出了重要贡献。

二、诗意照明设计与艺术表现的关系

诗意照明设计与艺术表现的关系深厚，此二者的结合体现在灯光的形式、色彩和空间布置等多个设计层面。诗意照明设计的魅力在于，它能够将艺术的美感和表达方式融入景观照明之中，从而为照明设计注入独特的艺术价值。

照明设计师利用灯光的形态和色彩等元素，巧妙地构建出具有独特艺术效果的照明景观。灯光的色彩、亮度和光线效果都是设计师创造艺术氛围和情感表达的重要工具。例如，设计师可能会利用温暖的黄色光线和柔和的光线效果，创造出一种温馨、浪漫的氛围，而冷色调的灯光和动态的光线效果，则能营造出一种充满活力、刺激感的照明场景。

这种设计方式的优点在于，它使诗意景观照明的艺术性和观赏性得到了极大的提升。光线的表现力也成了艺术家传达自身创新观念和情感的重要媒介。换句话说，通过灯光的应用，设计师不仅可以创造出丰富多样的照明氛围和情感表达，而且可以通过这种方式，将自己的艺术想法和感情寓言式地传达给观者。

因此，诗意照明设计在提升景观美学价值的同时，也能为观者提供丰富的情感体验和思考空间。这是由于它能够通过灯光的表现力，深入地触动观者的内心，引导他们去感受、去理解设计师所要传达的艺术理念和情感。这种情感交流和艺术理解的过程，不仅能够提升照明设计的艺术价值，而且能够使艺术的美感和表达在诗意景观照明中得以完美地体现和传达。

诗意照明设计通过对景观布局和灯光组合的精妙设计，能够成功地塑造出

法里昂灯光秀的内容满含具有地方特色的视觉元素，效果触动每个游客的情感 （摄影：梁勇）

维也纳一公园的灯光小品，通过艺术布局，增加了趣味性，给游客留下了深刻的印象

（摄影：梁勇）

独具艺术魅力的照明场景。灯光设置和空间布置的合理应用，能营造出具有层次感和节奏感的照明效果，这种设计手法展示了诗意照明设计的艺术性和创新性。

例如，考虑到公共广场或城市街道的照明设计。设计师通过巧妙地排列和组合灯光，便能创造出具有节奏感和动态效果的照明装置。当夜幕降临，这些照明装置就像舞台上的演员，通过灯光的动态变化，使整个场景呈现出舞台般的艺术效果。这种照明设计不仅呈现出了独特的视觉艺术风格，也极大地增强了观赏体验的趣味性和参与性。

在诗意照明设计中，灯光的组合和景观的布局并非孤立存在的，而是相互作用、相互影响的。合理的景观布局可以最大限度地突出灯光的艺术效果，而灯光的组合则能进一步增强景观布局的艺术表现力。这样的设计手法不仅增加了观赏体验的趣味性和参与性，也使诗意景观照明更具艺术性和观赏性。这是诗意照明设计与艺术表现之间深度结合的一个重要体现，也正是诗意照明设计所能达到的艺术境界。

诗意照明设计还在另一个重要的层面上得以实现，那就是通过艺术的表达手法，向观者传递照明设计的主题和意义。设计师通过巧妙的灯光变化和组合，创造出具有叙事性和情感表达的照明场景，让每一个观者都能在其中感受到独特的艺术韵味。

考虑到文化节庆活动或艺术展览的照明设计，即设计师通过灯光的变化和组合，以灯光为语言，讲述出一个富含艺术内涵和情感表达的故事，通过视觉效果触动观者的情感，引发他们的共鸣和深思。这样的设计方式，让每一处灯光都能散发出独特的艺术气息，成为令人难忘的视觉诗篇。

这种设计方式的优越性在于，它不仅可以提升观赏体验的深度和内涵，还能有效地将艺术的价值和意义传达给观者，使他们在欣赏灯光的同时，也能够理解和感受到设计师所要表达的主题和意义。这是一种极具表现力和传播力的设计方式，可以说，它实现了照明设计的艺术表现和传播。

在诗意照明设计中，艺术表达并非仅限于对形式和色彩的应用，更深层次的表达手法，如叙事性和情感表达等，也起着至关重要的作用。通过灯光的变化和组合，诗意照明设计成功地将艺术的价值和意义，以及设计师的思想和情感，传递给了每一个观者。这一切都使得诗意照明设计不仅是一种照明技术，更是一种艺术创作和表达的重要方式。

诗意照明设计与艺术表现之间的关系是无法割裂的。灯光的形式、色彩以及景观的布局、灯光的组合等多重因素的综合运用，都赋予了诗意照明设计丰富的艺术性。这种设计方式能够创造出独特的照明场景，触动观者的审美神经，引起他们的情感共鸣。

通过艺术的表达手法，诗意照明设计更进一步地传递出了照明设计的主题和意义，使灯光的排布和色彩选择不再仅仅是满足功能性需求，而是赋予了它们深层次的艺术价值。这种设计理念，不仅满足了功能性需求，更突出了照明设计的艺术价值。

作为诗意景观照明领域的研究者和从业者，我们必须对诗意照明设计与艺术表现的重要性有充分的认识。我们要将这种理念应用到实践中，探索和创新，将艺术的美感和表达完美地融入照明设计中，使诗意景观照明的艺术价值得以充分体现。

诗意照明设计的精髓在于其深入到艺术的核心，寻找灯光与环境、灯光与观者之间的深层关联。在每一个照明设计中，设计师都能够通过灯光的形式、色彩、变化和组合，创造出有力的视觉冲击力和艺术影响力。同时，这种设计方式也允许观者通过感知和理解灯光的美学，进一步认识和理解设计主题和意义。

总的来说，诗意照明设计是一种极具艺术感的设计方法，它强调了设计师的创新思维和艺术感知。只有通过深入研究和充分实践，我们才能创造出具有深远影响力和持久价值的诗意照明设计，为诗意景观照明的艺术发展做出贡献。

第九章　诗意照明的理论展望

一、诗意照明理论的传承与创新

诗意照明设计理论的传承与创新是诗意景观照明领域中的重要课题。

对于诗意照明设计理论的传承，即如何在现代照明设计中，以适当且科学的方式继承并发扬传统照明设计理论的精髓。传统照明设计理论的涵盖面广泛，包括但不限于光学原理、人类视觉特性以及环境心理学等多个维度，这些理论为我们的照明设计打下了坚实的基础，为之提供了充分的指导。因此，我们有必要在诗意照明设计中，充分利用这些传统理论，以保证设计的科学性和可行性。

例如，光学原理在照明设计中的作用举足轻重，我们通过运用光学原理，可以实现精确的照明计算和模拟，确保照明效果的准确性和合理性。这包括但不限于通过光线的反射、折射和漫反射等原理，将光线精准地引导到指定的位置，以及通过对光的颜色、亮度、方向等参数的精确计算，确保照明效果的一致性和预期性。

同时，人类视觉特性也是传统照明设计理论的重要组成部分。照明设计需要充分考虑人类视觉对于光线亮度、颜色和方向的感知能力，以实现最佳的视觉效果。例如，根据人类视觉的对比敏感性，我们可以合理地配比光线的亮度和颜色，以减少观者视觉疲劳，提高其视觉舒适度。

此外，环境心理学的研究在照明设计中也发挥着关键性的作用。通过对环境心理学的深入研究，我们可以深入理解人们对光照的感知和反应，从而设计出更符合人类需求和感受的照明方案。例如，我们可以通过对人们在不同光照环境下的心理和情绪反应的研究，来创建出富有情感和诗意的照明环境，以满足人们在众多场景下的照明需求。

诗意照明设计理论的传承是一个集科学性与艺术性于一体的过程。在照明设计中，我们既要运用严谨的科学理论，保证照明的准确性和科学性，又要考虑到人的视觉感知和心理需求，以创造出既符合科学又富有诗意的照明环境。

继传承诗意照明设计理论后，我们将进一步讨论对该理论的创新。此创新意味着在继承传统理论的基础上，不断进行探索与创新，构建新的理论框架和应用方法。随着科学技术的日新月异，新的理论与应用方法不断涌现，这无疑为诗意照明设计揭示了更广阔的发展空间与可能性。

机器学习算法与相关工具的应用，正是诗意照明设计的新颖方向之一。这些工具提供了对照明设计进行深度分析和优化的新途径。机器学习算法通过对大量照明数据和用户反馈信息的深度分析，可以对照明设计进行模式识别和预测。例如，通过机器学习算法，我们可以根据用户的实际行为和反馈，预测用户对未来照明设计的可能需求和反应，从而优化照明效果和用户体验，实现更高水平的个性化照明设计。

京杭大运河杭州段的景观照明，通过产品的创新，让人耳目一新　（摄影：梁勇）

同时，新材料和新技术的应用也为照明设计提供了更多的创新空间。新型的可编程灯光和互动装置的运用，可以实现照明效果的个性化和动态化，从而将照明设计的创新性和表现力推向新的高度。例如，可编程灯光可以根据环境和用户的需求动态调整照明效果，同时，互动装置可以实时感知环境和用户的变化，实现灯光效果的实时反馈和调整，这都赋予了诗意景观照明更多的创意和表现力。

对诗意照明设计理论的创新意味着在继承传统理论的基础上，不断探索和创造新的理论框架和方法。这不仅包括新的科技手段的应用，如机器学习算法、可编程灯光和互动装置等，也包括对照明设计理念和方法的深度反思和探索。只有在传承和创新并行不悖的过程中，我们才能使诗意照明设计理论达到更高的境界，以适应时代发展和人们需求的变化。

在对诗意照明设计理论的传承与创新过程中，我们需要注重理论和实践的结合。理论的传承和创新需要建立在实践的基础上，通过实际项目的探索和验证，不断完善和发展理论。同时，实践的经验和反馈也为理论的发展提供了重要的支持和指导。通过理论和实践的相互促进，我们可以推动诗意照明设计理论的不断进步和创新。

在传承传统照明设计理论的基础上，我们可以继承和应用传统知识，确保照明设计的科学性和可行性。同时，通过创新理论框架和方法，我们可以不断探索和创新照明设计的可能性和表现力。在传承与创新的过程中，理论和实践的结合至关重要，通过对实际项目的探索和验证，不断完善和发展理论。作为诗意景观照明领域的研究者和从业者，我们应当充分认识到诗意照明设计理论的传承与创新的重要性，不断探索和创新，推动照明设计理论的发展和应用，为诗意景观照明的进步和可持续发展做出贡献。

二、诗意照明理论的方法与探索

对诗意照明设计理论方法的探索是为了提升照明设计的创造性和表现力，以满足不断变化的设计需求和挑战。

在诗意照明设计理论方法中，对新的设计方法和工具的探索一直都是一个核心的研究方向。随着科学技术的飞速发展，新的设计方法和工具如雨后春笋般涌现，这为照明设计的理论与实践提供了一种新的角度和广阔的可能性。

一种值得我们深入探讨的新方法就是利用机器学习算法及其相关工具。这些先进的工具为照明设计提供了一种全新的数据驱动的分析和优化手段。基于大数据的机器学习算法，可以通过分析大量的照明数据和用户反馈信息，进行模式识别和预测，这为我们提供了一种新的照明设计优化方法。例如，我们可以利用机器学习算法对用户在不同照明环境下的行为和反馈进行深度分析，以发现用户对照明环境的实际需求和偏好，从而为用户提供更符合他们需求的照明环境，优化用户体验。

同时，虚拟现实（VR）和增强现实（AR）技术的应用为我们提供了一种全新的设计效果展示和评估工具。利用 VR 和 AR 技术，我们可以在设计阶段就对照明效果进行虚拟模拟和实时展示，这不仅可以帮助设计师更直观地理解和评估设计方案的效果，也可以让用户在实施前就能预览到设计效果，从而提高设计的接受度和满意度。

总的来说，探索新的设计方法和工具，不仅可以帮助我们更好地理解和优化照明设计，也能为我们提供更多的设计可能性和创新空间。这也正是诗意照明设计理论方法探索的一个重要目标：通过不断地探索和创新，寻求更高效、更符合人类需求的照明设计方法。

从多学科的视角出发，促进跨学科的合作与交流无疑是诗意照明设计理论方法探索的另一条重要路径。诗意景观照明这一领域的研究涵盖了诸多学科，其中包括但不限于光学、心理学、建筑学等，这使得各学科之间的交叉合作对于照明设计理论的探索和创新具有重要的启发作用。

例如，心理学家和建筑师对于照明设计理论的贡献不容忽视。通过他们的参与，我们可以更深入地研究人类对于光照的感知和反应，这种理解可以进一步提供更为科学和人性化的设计指导,进而优化人们在特定照明环境下的体验。在这个过程中，心理学家可以通过实验研究得出人类对不同照明效果的反应和喜好，而建筑师则可以将这些研究成果应用到建筑设计中，形成更符合人类需求的照明设计。

同样，与材料科学家和光学工程师的合作也可以为照明设计提供独特的视角。他们可以协助研发新材料和光学器件，以提高照明效果和能源利用效率。

例如，材料科学家可能会研发出新型的、具有更高光效和能源效率的照明材料，而光学工程师则可以设计出新型的光学器件，以提高照明设备的光效和能源利用率。

因此，通过跨学科的合作和交流，我们不仅能够扩宽照明设计的思维和视野，更能够推动照明设计理论方法的创新和发展。这种跨学科的合作和交流将使我们能够综合运用各个学科的理论和方法，从而实现照明设计的全面优化，推动照明设计理论的持续发展。

在此，我们需要重点强调，诗意照明设计理论方法探索的一大重要领域即在于对可持续性和环境友好的设计方法的深入研究。随着全球环境问题的日益突出，设计师们必须深度思考如何将照明设计的可持续性和环境友好性作为一种核心指导原则。因此，在诗意照明设计理论中，对低能耗、高效率的照明技术和设计方法的探索及应用成了一个必然的趋势。

举例来说，智能控制系统和传感器的应用为实现照明系统的自动调节和能源管理提供了可能性。这些技术可以根据环境的光照条件和人们的使用需求，自动调整照明设备的亮度和开关状态，从而最大限度地降低能源消耗和碳排放。例如，利用光感应传感器和人体红外感应传感器，我们可以设计出能自动调整亮度和自动开关的智能照明系统，以降低无效照明和过度照明带来的能源浪费。

此外，合理的光照设计和灯具布局也是实现可持续性和环境友好的照明设计的重要手段。通过精确的光照计算和灯具布局设计，我们可以实现照明的高效利用，减少光污染和对生物生态系统的干扰。比如，通过设计光源的发光角度和灯具的遮光结构，可以减少向天空投射的光，从而减少光污染。

只有通过不断探索可持续性和环境友好的设计方法，我们才能实现照明设计的可持续发展，同时也有利于环境的保护。而这，恰恰是诗意照明设计理论探索的重要目标之一，即倡导和实现环保，实现人与自然的和谐共存。

综上所述，对诗意照明设计理论方法的探索是为了提升照明设计的创造性和表现力，以满足不断变化的设计需求和挑战。通过探索新的设计方法和工具、跨学科的合作和交流，以及可持续性和环境友好的设计方法，我们可以不断创新和发展照明设计的理论方法。作为诗意景观照明领域的研究者和从业者，我们应当充分认识到诗意照明设计理论方法的重要性，不断探索和创新，推动照明设计理论方法的发展和应用，为诗意景观照明的创新和可持续发展做出贡献。

三、对诗意景观照明的借鉴

笔者曾多次考察国外著名城市的夜景，特别是法国里昂。作为全球著名的灯光节主办城市，里昂的经验值得我们借鉴。以下是几点值得注意的方面：

（一）内容和创意是核心竞争力

里昂国际灯光节组委会在进行参赛作品的遴选时，始终坚持以艺术内容和创意为核心评价标准。他们鼓励艺术家充分发挥创意，不设限制和命题，希望呈现最高水平的光艺术作品。

里昂灯光节的成功在于将内容和创意作为核心竞争力，实现了更具创意和艺术的照明效果

（摄影：梁勇）

（二）艺术包容与技术管控兼顾

里昂灯光节在作品选择和确定时，采取包容的态度，不限制作品的创作主题和风格，希望各类艺术家都能发挥创意，在里昂展示最高水平的光艺术作品。然而，主办方会对作品的技术解决方案进行严格管控。他们明确告知作品设置的地点和具体要求，并公布每个地点的预算。此外，参赛作品不仅需要展示创意，还需要详细阐述可实施的技术解决方案，以确保符合当地的电气安全要求。可实施性是主办方非常重视的因素。

在灯光节的组织中，还有其他值得借鉴的方面。例如，里昂灯光节注重与当地社区和居民的互动，鼓励他们参与到节日活动中，增加了活动的参与度和共享感。此外，他们还注重与各界合作，与学术界、艺术家、设计师等建立合作关系，丰富了节日的内容和形式。

里昂灯光节的成功经验在于将内容和创意作为核心竞争力，同时在艺术包容和技术管控上兼顾。这种开放而严格的理念使得每个作品都能充分展现艺术家的创意，并通过严格的技术要求保证作品的可实施性。这种模式可以为其他城市的灯光节提供有益的参考，以实现更具创意和艺术性的灯光照明效果。

（三）可持续性是持续发展的关键

灯光节和灯光秀作为全球人喜闻乐见的文化盛事，虽然受到广泛欢迎，但也面临着投入较大、组织工作繁杂的挑战。里昂灯光节作为一个历史悠久的活动，已经成为里昂的文化象征。每年 12 月上旬，大量游客拥入里昂，为这座城市带来巨大的旅游商机，交通、餐饮和零售业都受益匪浅。可以说，里昂灯光节的整个生态链条是健康且可持续的。这一切得益于多年的积累和精心经营，不是一蹴而就的。

在可持续性方面，还需要考虑其他因素。例如，灯光节的组织者应该与当地社区和居民进行互动，鼓励他们参与节日活动，增加其参与度和共享感。此外，与各界合作也是重要的，与学术界、艺术家、设计师等建立合作关系，丰富节日的内容和形式。

总之，里昂灯光节的成功经验在于将内容和创意作为核心竞争力，同时在艺术包容和技术管控方面兼顾。这种开放而严格的理念使得每个作品都能充分展现艺术家的创意，并通过严格的技术要求保证作品的可实施性。此外，全盘

无锡太湖鼋头渚的植物照明，突破常规的方法，给人耳目一新之感，吸引游客参与打卡（摄影：梁勇）

统筹的策划和创新的长尾消费模式也是可持续性的关键。在实际运营中，需要多方合作,共同努力,实现各行各业的协同发展,从而实现灯光节的可持续发展。

四、诗意景观照明的现状与挑战

诗意景观照明，作为一个富有挑战性且综合性强的设计领域，目前正面临着一系列的现实状况和挑战。其现状和挑战主要反映在以下几个方面。

首先，我们需要关注的是城市化进程的加快。随着城市化的深入推进，人们对夜间环境品质的需求也在逐渐提升，这无疑进一步扩大了诗意景观照明的需求和应用范围。从小区园林，到城市广场，再到国家级的景区，越来越多的地方开始重视夜间的照明效果。他们期望通过精心设计的景观照明来提升城市或景区的形象，强化其文化内涵，甚至提升其旅游吸引力。因此，如何充分考虑照明效果与周边环境的协调，以及如何在满足功能性需求的同时强调其审美表现，无疑是设计师们需要面对的重要问题。

此外，新兴的科技和材料的发展为诗意景观照明提供了新的可能性，同时也带来了新的挑战。比如说，随着LED技术的快速发展，不仅使得照明效果更加精确和节能，还为照明颜色、强度、分布的控制带来了更多可能性。然而，如何熟练地掌握这些技术并将其融入设计中，却需要设计师具有足够的技术理解和操作能力。同样，智能控制系统的广泛应用也使得照明设计更加灵活和智能化，如何合理地运用这些系统并实现其最优表现，也需要设计师们进行深入的研究和探索。

诗意景观照明，这个富含创新性和综合性的领域，却也同时面临着一系列的挑战。在这其中，需要设计师在满足审美需求的同时，也要深度兼顾环保和可持续发展的因素。因为照明系统的运行通常带来能源消耗和光污染问题，所以设计师们在选择灯具和控制系统时，必须对节能和环保因素给予足够的重视，以此来减少能源消耗和对生态环境的影响。例如，可以优先考虑采用LED灯具，它们不仅能效高，而且光效稳定，是目前公认的节能环保产品。

而除了环保因素，设计师还需要密切关注人类对光照的感知和需求。人类对光照的感知和反应极其复杂，涵盖了从视觉生理到心理感受的多个层面。这就要求设计师深入理解人类的视觉特性和心理需求，才能够实现照明效果的人性化和舒适性。举例来说，设计师可能需要理解光线色温对人心情的影响，或者如何通过灯光强度和方向的变化，去塑造空间感和深度感。

此外，诗意景观照明还需注意文化的传承与表达。在不同的地域和文化背景下，诗意景观照明的需求和审美偏好都有所不同。设计师在进行设计时，需要尊重这些文化的多样性，并尽可能地将特定的文化元素融入到照明设计中。这不仅能增强设计的吸引力和感染力，同时也能实现文化的传承和表达，使得设计更具深度和内涵。例如，在设计古城区的景观照明时，设计师就可以尝试用灯光去强化或再现某些历史文化元素，以此来诉说这个地方的历史和故事。

诗意景观照明在面对技术和创新的挑战时，也暴露出其独特的复杂性。随着现代科技的发展，照明设计师被赋予了诸多新的工具和方法。然而，这也要求他们不断学习并精通这些新兴技术，以满足设计需求的日益变化。举例来说，机器学习算法和虚拟现实技术的应用，为照明设计描绘了一种全新的可能性图景。如果设计师能够熟练运用这些技术，比如使用机器学习算法预测和优化灯光分布，或是借助虚拟现实技术预览设计效果，那么他们的设计就能更为精确和直观。

创新和创意，则是面向未来的诗意景观照明所不能忽视的重要元素。设计师们在面对日益激烈的市场竞争时，需要摆脱传统的设计思维，追求独特且富有创意的照明设计方案。这并不仅仅是为了在市场竞争中脱颖而出，更是为了满足客户和社会对美好生活环境的追求。因此，创新在诗意景观照明中的重要性不言而喻，设计师需要在设计的每个环节——从设计理念的构建，到具体实施的过程——都贯彻创新的精神。例如，设计师可以通过独特的灯光组合和变化,去营造出不同的情感氛围,让照明不仅是光的工具,更是情感和空间的载体。

诗意景观照明作为一个综合性的设计领域，面临着巨大的挑战。在满足美学要求的同时，设计师需要兼顾环境保护和可持续性发展的原则，充分考虑人类的感知和需求，以及文化的传承和表达。同时，设计师还需要不断学习和掌握新的技术，应对技术和创新的挑战。作为诗意景观照明领域的研究者和从业者，我们应当充分认识到诗意景观照明的现状和挑战，不断探索和创新，推动照明设计的发展和应用，为诗意景观照明的进步和可持续发展做出贡献。

第十章　诗意照明的发展趋势

一、诗意照明的数字化与智能化发展

诗意照明设计的数字化与智能化发展是未来诗意景观照明的重要趋势之一。随着科技的不断进步和应用，数字化和智能化技术为诗意景观照明带来了新的机遇和挑战。

数字化技术的应用使得诗意景观照明更加精确和可视化。通过数字化建模和仿真技术，设计师可以在计算机上进行照明效果的模拟和预测，快速评估和优化设计方案。此外，数字化技术还可以实现对照明系统的远程监控和管理，提高照明效果的可控性和可持续性。例如，通过智能控制系统和传感器的应用，我们可以实现照明系统的自动调节和能源管理，最大限度地降低能源消耗和碳排放。

智能化技术的应用使得诗意景观照明更加智能和个性化。通过人工智能和机器学习算法的应用，照明系统可以学习和适应人类的行为和需求，实现个性化的照明效果。例如，通过分析用户的行为模式和喜好，智能照明系统可以自动调节灯光的亮度、色温和光线方向，以满足不同用户的需求和偏好。此外，智能化技术还可以实现照明系统的自动化和集成化。通过智能传感器和网络通信技术的应用，照明系统可以实现自动感知和响应，与其他智能设备和系统进行联动，提供更智能、便捷的照明效果。

然而，数字化与智能化发展也面临一些挑战。首先，技术的复杂性和成本是数字化与智能化发展的挑战之一。数字化与智能化技术的应用需要设计师具备相关的技术能力和知识储备，同时也需要投入更多的资金和资源。此外，随着技术的不断更新和替代，设计师需要不断学习和更新知识，以跟上技术的发展和应用。其次，隐私和安全问题也是数字化与智能化发展的挑战之一。智能照明系统涉及对大量数据的收集和处理，设计师需要保护用户的隐私和数据安全，确保照明系统的可信度和可靠性。

诗意照明设计的数字化与智能化发展是未来诗意景观照明的重要趋势。通过数字化技术的应用，照明设计可以实现更精确和可视化的效果评估和优化。通过智能化技术的应用，照明设计可以实现更智能和个性化的照明效果。然而，数字化与智能化发展也面临技术复杂性、成本以及隐私和安全等挑战。作为诗意景观照明领域的研究者和从业者，我们应当充分认识到数字化与智能化发展的重要性和挑战，不断学习和掌握相关的技术和知识，推动照明设计的数字化与智能化发展，为诗意景观照明的创新和可持续发展做出贡献。

二、可持续发展与绿色照明的发展方向

在诗意景观照明领域，可持续发展与绿色照明的发展方向是一个备受关注的话题。随着社会对环境保护和能源效率的日益重视，绿色照明成了未来诗意景观照明的重要发展方向。

可持续发展在诗意景观照明中的应用是至关重要的。可持续发展强调的是在满足当前需求的同时，不损害未来的利益。在诗意景观照明中，可持续发展的目标是通过减少能源消耗、降低碳排放和实现最大化资源利用，实现对环境的最小化影响。这可以通过采用高效节能的照明设备和系统、合理规划照明布局、优化光源的选择和控制等手段来实现。此外，可持续发展还包括对照明设计过程中的环境评估和生命周期评估，以确保设计方案的可持续性和环境友好性。

绿色照明的发展是可持续发展的重要组成部分。绿色照明强调的是以环保和节能为导向的照明设计和实践。在诗意景观照明中，绿色照明的发展方向包括使用高效节能的照明设备和光源，如 LED 照明技术，以替代传统的高能耗照明设备。此外，绿色照明还包括照明系统的智能化控制和管理，以最大程度地减少能源浪费和光污染。通过采用智能控制系统，可以根据实际需要调整照明亮度和颜色温度，实现精确的照明效果，并避免不必要的能源浪

费和环境污染。

绿色照明的发展还需要与其他领域的技术和理念相结合。例如，与建筑设计和城市规划相结合，通过合理规划建筑和城市的照明布局，实现照明资源的最优利用和环境效益的最大化。同时，与人工智能和大数据分析相结合，通过智能化的照明控制和数据分析，实现对照明系统运行状态的实时监测和优化，提高能源利用效率和照明品质。

所以说可持续发展与绿色照明的发展方向在诗意景观照明中具有重要的意义。通过采用高效节能的照明设备和系统、合理的照明布局、智能化的照明控制和管理等手段，可以实现对环境的最小化影响，并提高照明效果和能源利用效率。这将为未来诗意景观照明的发展提供更加可持续和环保的解决方案。

三、新材料与新技术在诗意照明中的应用

诗意照明的实质是通过光影的独特调配与场景元素的有机结合，产生一种独特的情感体验，旨在提升空间的审美价值和心理效益。在新材料和新技术的推动下，诗意照明已经进入一个全新的发展阶段。

英国伦敦街道的一幢建筑，以特定的创意思路，呈现出独特的视觉效果　（摄影：梁勇）

首先，来看新材料的影响。未来材料科学将对景观照明产生深远影响，如有机发光二极管（OLED）和定制化发光材料，让设计师拥有更多可操作性。OLED 与传统的照明源相比，具有更均匀的发光效果和更低的功耗，因此它在室内环境和微弱光源的诗意景观照明中有着广泛应用。定制化发光材料，如荧光材料、磷光材料和电致发光材料，它们在某些特定的物理或化学刺激下能发出特定波长的光，让设计师能创造出独特的光影效果。

其次，新的技术在诗意照明设计中的应用也非常广泛。机器学习和人工智能算法能帮助我们分析和理解人对光影效果的感知和反应。例如，机器学习技术可以应用于用户体验的个性化定制，以提供最佳的照明效果。另一方面，物联网技术允许我们对照明系统进行精确控制，使其能够根据环境、时间和人的行为进行自我调整。

我们还应注意到，新材料和新技术并不是孤立存在的，它们之间的结合将带来更多创新。例如，可以将发光材料与传感器和智能控制系统结合，根据人的行为或环境的变化调整光线的亮度、颜色和方向，这既能实现节能，又能提高人们的生活质量。

总的来说，新材料与新技术正在重塑诗意照明的设计方法和理念，我们需要不断研究和实践，以适应这一变革。不断地探索和实验将带我们进入一个全新的照明设计时代，使得我们能创造出更富有诗意、更具人性化、更环保的照明环境。

四、诗意照明的多元化与创新化

在当今时代，随着科技的飞速进步，照明设计领域正在经历一场前所未有的创新启示。其中，诗意照明设计因其富有创造力的表现形式和深刻的人文内涵受到了大众与学术界的广泛关注。本节旨在从专业的角度，深入探讨这一领域的两大重要发展趋势——多元化与创新化，并期望借此提供对未来照明设计的一种独特视角。

多元化是诗意照明设计的重要发展趋势之一。它主要体现在两个方面，第一，照明设计的风格与表现形式正日益多元化。无论是传统与现代、东方与西方，甚至是抽象与象征，各种诗意照明设计的风格都已经在现实中得到了生动的诠释。这种多样性贯穿在每一个设计过程中，给设计师提供了无限的创作空间，从而不断推动诗意照明设计向更高的艺术境界挺进。第二，照明设计过程中所运用到的元素也在不断丰富与创新。设计师通过融合多种照明设计理论和技术，利用不同的照明源和材料，巧妙利用光的物理特性，创造出各种风格和主题的诗意照明环境。

趋势的另一面，是随着技术进步，尤其是机器学习和人工智能的发展，诗意照明的多元化拥有了更大的发展空间。机器学习和人工智能不仅使我们能够在海量数据中发现规律，精准理解用户对光影效果的感知和反应，还能为我们提供创新照明设计的灵感，使人性化、个性化的照明设计成为可能。

京杭大运河杭州段的景观照明经过相关部门十几年的更新发展，成为杭州夜游的一张金名片，给杭州城市带来了巨大的经济收益和社会效益 （摄影：梁勇）

创新化无疑也是诗意照明设计的核心发展趋势。有别于传统照明设计的传承性，诗意照明设计秉持着开放的思维，勇于突破，注重与时俱进。一方面，新材料和新技术的不断出现为照明设计提供了全新的设计元素和设计手段，例如有机发光二极管（OLED）、可调色 LED、荧光材料、磷光材料等。它们改变了照明的传统形式，也扩大了设计师的创作空间，为创新照明设计提供了更多选择和可能性。另一方面，机器学习和人工智能的应用使我们能够更好地理解和应用光的物理特性和人的光感知特性,从而实现更高水平的诗意照明设计。

然而，要实现诗意照明设计的多元化和创新化，需要我们不断地探索和实践。我们需要持续学习和引入新的设计理念和技术，并且培养自己的艺术感知和创新能力。只有这样，我们才能在未来的诗意景观照明中期待更多富有诗意和创新性的设计出现。这些设计将极大地丰富我们的生活环境和生活体验。

多元化和创新化是诗意照明设计领域的两个重要发展趋势。通过综合应用不同的照明设计理论和技术，利用各种照明源和材料，我们能够创造出各种风格和主题的诗意照明环境。同时，新材料和新技术的引入以及机器学习和人工智能的应用，为照明设计提供了全新的设计元素和设计手段，使我们能够更好地理解和应用光的物理特性和人的光感知特性。然而，要实现这种多元化和创新化，需要我们不断学习、探索和实践，并培养自己的艺术感知和创新能力。相信在未来的诗意景观照明中，我们将会看到更多富有诗意和创新性的设计，这些设计必将为我们的生活环境和生活体验带来更多的惊喜。

五、诗意照明的国际化和交流

诗意照明设计的未来发展方向之一是国际化。这一趋势要求设计师具备全球视野下的设计思维和理念，同时考虑各国文化在照明设计中的交融。在全球化的背景下，诗意照明设计不仅要关注本土文化的表现，还要考虑全球审美需求和环境影响。这意味着设计师需要了解和融合不同文化背景下的照明设计理念和技术。此外，国际间的照明设计理念以及技术的流动和交融也为诗意照明设计的创新提供了更多可能性。

国际交流是推动诗意照明设计发展的重要方式之一。通过国际交流，设计师可以了解不同国家和地区的照明设计理念和技术，从而激发创新思维。借鉴欧洲的环保设计理念、美国的科技创新理念、东亚的人文关怀理念等，为设计师提供新的思考和灵感。同时，国际交流也是将中国的设计理念和技术传播到全球的机会。通过国际交流，我们可以将中国的视角和智慧传播到全球的照明设计领域。

随着新技术的发展，如云计算、大数据和人工智能，诗意照明设计的国际交流也呈现出新的形式和方法。通过线上设计平台，设计师可以在全球范围内分享和交流他们的设计理念和作品，实现知识和技术的快速流动和传播。这为设计师提供了更广阔的合作和学习机会，促进了国际间的合作和交流。

诗意照明设计的国际化和交流对于提升设计水平和创新能力、推动全球照明设计行业的发展具有重要意义。设计师应积极参与国际交流，不断学习和引

法国巴黎街头一建筑在灯光的映衬下，与走动的、憩息的人群形成一种统一和谐的画面

（摄影：梁勇）

进新的设计理念和技术。同时，分享设计成果和智慧，为全球照明设计贡献中国的力量。通过国际化和交流，我们可以不断拓展设计思维和视野，为诗意照明设计的未来发展开辟更广阔的空间。

参考文献

[1] 杨公侠．视觉与视觉环境（修订版）[M].上海：同济大学出版社，2002.

[2]冯友兰．中国哲学简史[M].赵复三译．天津：天津社会科学院出版社，2005.

[3][日]中岛龙兴，近田玲子，面出熏．照明设计入门[M].马俊译．北京：中国建筑工业出版社，2005.

[4] 张节末．禅宗美学[M].北京：北京大学出版社，2006.

[5][日]原研哉．设计中的设计[M].济南：山东人民出版社，2006.

[6]王文娟．墨韵色章：中国画色彩的美学探渊[M].北京：中央编译出版社，2006.

[7][美]Karl, Maria, Renger．理查德·凯利和定性的照明设计[M].杜江涛译．北京：中国对外翻译出版公司，2006.

[8]中国照明学会，北京照明学会．绿色照明200问[M].北京：中国电力出版社，2008.

[9]熊十力．境由心生[M].北京：北京联合出版公司，2011.

[10]姜澄清．中国色彩论[M].贵阳：贵州大学出版社，2013.

[11]蒲创国．天人合一说[M].北京：国家图书馆出版社，2013.

[12]王厚余．建筑电气装置600问[M].北京：中国电力出版社，2013.

[13][美]刘易斯·芒福德．城市发展史——起源、演变和前景[M].倪文彦，宋俊岭译。北京：国家图书馆出版社，2013.

[14]俞丽华．电气照明[M].上海：同济大学出版社，2014.

[15]王京红．城市色彩：表述城市精神[M].北京：中国建筑工业出版社，2014.

[16][德]奥斯卡·施莱默．包豪斯舞台[M].周诗岩译．北京：金城出版社，2014.

[17]陈彦青．观念之色：中国传统色彩研究[M].北京：北京大学出版社，2015.

[18] [日]面出薫．LPA1990-2015建筑照明设计潮流[M]. 程天汇，张晨露，赵姝译．江苏：凤凰科学技术出版社，2017.

[19] 王肇民．画语拾零[M]. 广州：花城出版社，2018.

[20] 任元会．低压配电设计解析[M]. 北京：中国电力出版社，2020.

[21] 郝洛西，曹亦潇．光与健康[M]. 上海：同济大学出版社，2021.

[22] 袁樵．展示陈列照明[J]. 室内设计与装修，2008(8)：12-14.

[23] 臧鑫宇，陈天．我国城市夜景照明规划的研究要点与方法探索[J]. 建筑学报 2012(02)：22-26.

[24] 韩永红，杨媛．建筑外立面照明设计与应用[J]. 现代装饰（理论），2012(7)：25-27.

[25] 夜幕之下的城市互动与探索[J]. 绿色建筑，2014（05）：15.

[26] 城市之光——南京青奥中心照明设计分析[J]. 室内设计与装修，2015（02）：128-133.

[27] 谢欣辰．景观灯在园林中的设计应用研究[J]. 美与时代（城市版），2016(07)：66-67.

[28] 郑碧凤．景区电力设备施工技术浅析[J]. 江西建材，2017(01)：204.

[29] 黄河开．小镇中心设计探索[J]. 中华建设，2020(08)：73-75.

[30] 黎兆跂．新时代背景下夜经济发展需求浅谈[J]. 商展经济，2020(10)：37-39.

[31] 张清．大城市公安精细化管理工作探索与思考[J]. 上海公安学院学报，2021(01)：06-14.

[32] 腾延娟．水利高质量发展的环境约束性指标研究[J]. 黄河水利职业技术学院学报，2021(02)：18-22.

[33] 符加林．吃透中国国家营销战略[J]. 销售与市场（管理版），2021(02)：94-97.

[34] 韩晗．城市治理与工业遗产管理关系平衡机制研究——基于全国工业遗产数据库建设路径的思考[J]. 城市发展研究，2021(02)：109-115.

[35] 冯其云．山东：新型智慧城市建设，提升城市治理现代化水平[J]. 审计观察，2021(04)：59-63.

[36] 张丽梅，刘泽琨．基于IPA分析的夜市地摊消费：行为、选择与政策路径——以天津市夜间经济示范街区为例[J]. 生产力研究，2021(03)：62-67.

[37] 陈宝利．加快数字化转型打造智慧型都市——以青岛为例[J]. 贵阳学院学报（社会科学版），2021(06)：58-86.

[38]潘灵敏，李恒姗．发展夜经济赋能新消费[J].中国储运，2021(10)：96-97.

[39]江芳．以“有机更新”为导向的古城保护与更新[J].建筑技术开发2021(11)：6-7.

[40]深圳市第七届人民代表大会第一次会议关于深圳市国民经济和社会发展第十四个五年规划和二〇三五年远景目标纲要的决议[J].深圳市人民政府公报，2021(22)：03-77.

[41]滕越，伍凌智，王勇．国有经济创新力提升与优化国有经济布局[J].经济体制改革，2022(01)：06-14.

[42]李子璇，孙奎利．“大美隐于市”——基于文脉延续的郊野公园场所精神营造[J].城市建筑空间，2022(02)：20-22.

[43]王俊．智慧城市发展路径与对策研究[J].辽宁师专学报(社会科学版)，2022(05)：10-20.

[44]段明明，罗丹，黎春花．全域旅游背景下地方长寿旅游目的地品牌建设——以广西贺州为例[J].河池学院学报，2022(06)：79-85.

[45]白靖楠，张瑞格，张星乐，等．夜间经济的发展现状及创新路径[J].中阿科技论坛(中英文)，2022(08)：97-100.

[46]马晔风，蔡跃洲．国内外城市数字化治理比较及其启示[J].科学发展，2022(10)：15-23+105.

[47]张林．传统美术色彩对现代平面设计视觉传达效果的影响分析[J].大观，2022(12)：26-28.

[48]罗来军，张福康．高质量发展是全面建设社会主义现代化国家的首要任务——深入学习贯彻党的二十大精神系列党课[J].党课参考，2022(23)：46-61.

[49]余露，苏璐璐．创新设计理念在视觉传达艺术设计中的实施策略研析[J].大观，2023(02)：20-22.

[50]叶彩仙，胥立军．基于计算机技术的新媒体艺术用户体验设计与实现[J].科技创新与应用，2023(02)：38-45.

[51]边宏宇．城市治理中存在的突出问题及对策研究[J].领导科学论坛，2023(02)：98-102.

[52]刘林，刘银波，徐晓泽．基于景观设计的住宅建筑外立面装饰研究[J].居舍，2023，(3)：45-56.

[53]李晏墅．人口、资源、环境与社会经济可持续发展[J].盐城师范学院学报(人文社会科学版)，2023(03)：91-94.

[54]段梦寒．地方主流媒体开展国际传播的策略——以重庆国际传播中心为例[J].青

年记者，2023(04)：113-115.

[55]张天强．装配式混凝土建筑施工技术及质量控制[J].佛山陶瓷，2023(05)：34-36.

[56]郑茂典．浦东大数据中心：“升级版”城市大脑[J].科技创新与品牌，2023(05)：40-41.

[57]周彪．环卫作业养护体制改革路径及启示——以上海市嘉定区为例[J].资源节约与环保，2023(06)：131-134.

[58]易琳．户外新媒体广告与城市环境的艺术融合探究[J].艺术教育，2023(07)：242-245.

[59]崔凌霞．室内环境艺术中的光与色[D].重庆：重庆大学，2009.

[60]李先逵，刘晓晖．诗境规划设计思想刍论[D].重庆：重庆大学，2010.

[61]李明，刘杉．城市功能性街道空间初探[D].陕西：长安大学，2010.

[62]吕在利，张梦宇．城市滨水景观照明设计研究[D].山东：齐鲁工业大学，2013.

[63]宋昆，黄叶陈，沈瑜．江南文化背景下的居住建筑设计地域特色研究[D].天津：天津大学，2015.

[64]李亚平，李孟璐．晋商文化街道景观形态设计研究[D].内蒙古：内蒙古师范大学，2017.

[65]任绍辉，刘畅．城市新区夜景照明规划设计研究[D].沈阳：沈阳航空航天大学，2019.

[66]鲍诗度，孙语聪．上海市长宁区口袋公园设计研究[D].上海：东华大学，2020.

[67]侯鑫，仝存平．基于多源数据的城市居住型街区活力评价及影响机制研究[D].天津：天津大学，2020.

[68]喻筠雅．城市轨道交通公共空间光环境体验化设计研究[D].北京：中央美术学院，2021.

[69]叶南客．让每个人都能在城市有尊严地生活[N].新华日报，2017-09.

[70]坚定改革开放再出发信心和决心加快提升城市能级和核心竞争力[N].人民日报，2018-11-08(001).

[71]李子俊，李鑫芳．串珠成链，看“夜明珠”点亮“夜金陵”[N].南京日报，2022-07-29(B02).

后 记

《照明设计：光的诗意形象及表现》从构思到编撰，历时数月，现终于付梓，回首释然之余也有颇多感怀。

以“光装饰空间形象”为题的照明设计专著及表现实践，在整个照明设计行业及景观设计中所占的比重不是不大。但多年从业过程中积累起来的成果资料在数量上却相当可观，而将这些工作成果加以整理、总结并编撰成册，的确不是一件容易的事。作为一本学术专著，我慎重地筛选了几个从业过程中一直尊崇的经典照明案例，以及实施后业主反响较好同行反映不错的项目，进行分析展示。我希望在本书中尽可能搭建一个展现科学和艺术融合的且实用有效的照明设计理论系统，我始终坚持应用严谨的学术逻辑和语言，力求用最恰当的词语和表达方式来阐述我的观点和研究成果。同时，为了增加内容的丰富性和具体性，我不断查阅各种资料，包括图书、文章、研究报告等，以获得更多的细节和具体的内容。

在完成本书的过程中，我收获了许多宝贵的经验，并对所研究的主题有了更深入的了解。通过详细的研究和分析，我努力揭示了该主题的重要性和影响，并探索了其中的细节和内涵。

我要感谢所有支持和帮助我的人，在这个过程中，他们给予了我无尽的鼓励和支持。我希望本书能够为读者提供有价值的信息和知识，并为相关领域的研究和实践做出贡献。同时，我也希望本书能够激发更多人对该主题的兴趣，促进相关领域的进一步发展。在课题实践和研究探索逐步成形的过程中，有赖于前辈和同行在各个阶段给予的引领和帮助，这其中包括沈葳等老师在学术方向确立等方面的关心与指导，也包括校外的詹庆旋、郝洛西、张昕、杜异、李铁楠、严永红、许东亮、周炼、林志明、王小冬、梁铮、徐庆辉等在专业知识方面的无私传授，以及在有关项目研究方面的大力支持，还包括好友安洋在插图方面的支持，还有素未谋面的良师益友吴昱江在排版上的指导，让拙作增色不少。

最后特别感谢本书的责任编辑韩伟锋先生，从积极热忱地促成立项到整个编撰过程中的鼓励、推动与督促，不断给予我们坚持完成工作的勇气和动力；他在本书的架构调整、内容精选、编写体例、表述方式以及装帧设计等方面均给予了大量极富建设性的专业意见。我要感谢他及其出版社的同事们对本书的倾情付出。

光，描画空间的功能意义，诠释环境的诗意美学内涵。我希望照明设计不仅是一门专业的知识和技术，更希望它能成为一条设计生活的线索。希望这本书能够对读者有所启发和帮助，引导他们在相关领域取得更多的进步和成就。我期待听到读者们的反馈和意见，以便在今后的研究和写作中不断改进和提升。

再次感谢大家的支持和关注！